U0102149

人生三得

活得明白·干得漂亮·爱得智慧

墨 非◎编著

只有深谙奋斗真理和财富之道的人，才能发挥和挖掘自我价值。

台海出版社

图书在版编目（CIP）数据

人生三得 / 墨非编著. —北京：台海出版社，
2017.3

ISBN 978 - 7 - 5168 - 1346 - 1

I. ①人… II. ①墨… III. ①人生哲学—通俗读物
IV. ①B821 - 49

中国版本图书馆 CIP 数据核字（2017）第 051437 号

人生三得

编　著：墨　非

责任编辑：阴　鹏　　　　　　　　责任印制：蔡　旭

出版发行：台海出版社

地　　址：北京市东城区景山东街 20 号　邮政编码：100009

电　　话：010—64041652（发行，邮购）

传　　真：010—84045799（总编室）

网　　址：www.taimeng.org.cn/thcbs/default.htm

E - mail：thcbs@126.com

经　　销：全国各地新华书店

印　　刷：香河利华文化发展有限公司

本书如有破损、缺页、装订错误，请与本社联系调换

开　　本：710×1000　　1/16

字　　数：226 千字　　　　　印　　张：17.5

版　　次：2017 年 9 月第 1 版　　印　　次：2017 年 9 月第 1 次印刷

书　　号：ISBN 978 - 7 - 5168 - 1346 - 1

定　　价：39.80 元

前 言

PREFACE

大凡惬意、和谐、清醒、理智的人，都必要做到三"得"：活得明白、干得漂亮、爱得智慧。这三"得"，实际上乃是古今中外成大事者不可或缺的精神气质、人格修养和处世准则。有了这三"得"，你可以在浮华中守正，在物欲中坚守，更可以在机遇中爆发。

第一"得"：活得明白。人生在世，没活明白的人，往往一生错事连篇，对人对事总是稀里糊涂，待蓦然回首却发现木已成舟，幡然悔悟已经无济于事。活得明白的人，往往通晓世事却大智若愚，积极进取却又藏巧于拙，故大业有成却能独善其身，淡泊明志，更能荣辱不惊。

其实，人生就在睁眼、闭眼间，因此，我们何不活得明白一点，洒脱一点，这样才能让自己在浮华中坚守，才能让心灵更惬意。可以说，活得明白的人，轻松坦然，充实快乐，而活得糊涂的人，痛苦迷茫，空虚寂寞。

第二"得"：干得漂亮。人活着就要奋斗、前进。一个智慧的人，必然是深谙奋斗真理、成功秘诀和财富之道的人，他们在任何时候，都能发挥和挖掘自我的价值，创造真正属于自己的成功和财富。

第三"得"：爱得智慧。一个人若懂得施予爱心，那就等于握住了获得幸福的密码。但是，对他人施予爱也是需要智慧的。不讲求方法，没有智慧的爱，只会让你"好心办坏事"，甚至还会让你遍体鳞伤。真正有头脑，有智慧的人，最懂得施爱的方法与方式，更懂得运用其自身特有的优势让亲情、爱情、友情结出甜美的果实。

《人生三得：活得明白，干得漂亮，爱得智慧》用深入浅出的哲理和回味隽永的故事，让读者朋友趁早明白人生的哲理。作者深信，一个故事所引发的思考足以改变一个人的命运。因为一个人的思考方式不仅左右我们的生活态度，还影响着我们的行为方式。有思考而得出的人生哲理犹如一盏指明路灯，必将引领着我们到达人生更新的精彩和幸福处。

聪明人都知道，人生中的道理是一笔值得一生珍藏、世代传承的宝贵财富。它是歧路前的警示，让我们少走弯路，避免重蹈覆辙；它是迷途中的灯塔，为我们指引方向，重新回到胜利的航程；它是得意时的提醒，让我们警钟长鸣，不忘远方的目标；它是失意中的安慰，让我们重整旗鼓，迎接更新的挑战。

所以，希望每一位读者都能够从本书中汲取自己所需要的养分。切记：人生明白要趁早，好汉不提"想当年"！

目 录
CONTENTS

中篇　干得漂亮：
参透奋斗真理,才能轻松成功

下篇　爱得智慧:
以"心"字爱人,以"诚"字交友

上篇 活得明白：
看透世事真谛，才能活得坦然

生活中，有的人整天吃喝玩乐，活得极其无聊；有的人只为自己着想，活得孤独；有的人追求金钱名利，活得太累；有的人处处在意别人的看法，活得疲惫……其实，很多人之所以活得不快活，主要是因为活得糊涂，他们不明白人生的真谛，不知道人活一世究竟该追求什么，看不透生活的真理、快乐的法宝，一味地被外在的物欲牵着鼻子走，最终身心俱疲。真正能获得快乐、惬意的应该是那些活得明白的人，他们能看透生命的真相，洞悉世事真理，所以不会去过于计较，更不会看不开，遇事时会自然而然地停止对身外之物的盲目、疯狂的追逐，更注重心灵的畅快与幸福。

Part 1 人生真谛：
苦与乐皆是一种精彩的体验

　　一个人要活得明白，首先要参悟人生的真谛。只有明白了我们活着的真正目的——在苦与乐中体会自己精彩的一生，才能坦然地面对一切，不为困难或不幸所痛苦、烦恼。有位哲人说，人生其实就像一座钟，总是在受到打击之时，才释放出自己美丽的新生，那悠扬的声音，一声比一声悦耳，一声比一声从容。真实的人生，有坦途也有坎坷，有幸福也有苦涩，正是这些构成了生命的精彩。所以，我们要做的就是能够坦然面对一切，放下欲念与执着，闲看云卷云舒，花开花落，安享生命赐予我们的一切。

1. 真实"人生"的画面

一日，一位哲人和众位慕名而来的学者站在一幅画面前：

在一个寂寞的秋日黄昏，无尽广阔的荒野中，有一位旅人步履蹒跚地赶着路。突然，旅人发现薄暗的野道中，散落着一块块白白的东西，定睛一看，原来是一堆白骨。旅人正在疑惑之际，突然从前方传来几声惊人的咆哮声，一只老虎紧逼而来。看到老虎，旅人顿时明白了出现白骨的原因，立刻向来时的道路拔腿逃跑。但显然是迷失了方向，旅人竟跑到断崖绝壁之上。旅人在毫无办法之中，幸好崖山有一棵松树，并且发现从数枝上垂下一条藤蔓。于是，旅人便毫不犹豫，抓着藤蔓垂下去，可谓九死一生如昨。老虎见状，好不容易即将入口的食物居然逃离，懊恼万分，在悬崖上狂吼着。谢天谢地！幸好这藤蔓的庇荫，终于救得一命，旅人暂时安心了。但是当他朝脚下一看时，不禁"啊"了一生，原来脚下竟是波涛汹涌、深不可测的深海！海面上怒浪澎湃，在那波浪间还有三条毒龙，正张开大口等待着他的堕落。旅人不知不觉全身战栗起来。但更恐怖的是，在赖以生存的藤蔓的根结处，两只白色和黑色的老鼠，正在交互地啃噬着藤蔓！旅人拼命地摇动藤蔓，想赶走老鼠，可是老鼠一点也没有逃走的样子。在旅人摇动藤蔓时，树枝上的蜂巢滴下蜂蜜。蜂蜜太甜了，旅人已全然忘记如今正处于危险万分的恐怖境地，而陶陶然地此心被蜂蜜所夺。

看到这一切，众学者目瞪口呆，只见，哲人开口说道："你们知道它意味着什么吗？"

众学者摇头。

哲人开示了这段画面的真相。

旅人：指我们自己。

无尽而寂寞的荒野：比喻我们无尽寂寞的人生。人从出生起，就成为了旅人开启了人生之旅。既然是旅人，就应知目的地，否则就如同这画面中愚痴的旅人一般。

秋天的黄昏：人生的孤寂感。我们是孤独一人来世间旅行，虽说有亲朋好友，但并不总能互相倾吐心中的一切。人生的孤寂，原因就是这心灵的孤独。

白骨：在人生的旅途中，我们所见亲属、朋友等的死亡。

饥饿的老虎：我们自己的死亡。世间的一切都是无常的，因此，我们非死不可。死，对于我们来说是最恐怖的事。现在，这无常之虎猛然向我们逼来。但由于我们感觉它太恐怖了，所以平日根本不想去思考它。作为旅人的我们，本能地与死亡抗争，一有病就到医院，以药物跟死亡搏斗。但是，死亡似乎是不可逾越的，我们终将败在死亡手中。因此，我们不能忘记死、逃避死。唯有正确面对死，并最终找到问题的答案，才能获得幸福。

崖顶的松树：指金钱、财产、名誉、地位等等。这些东西即使再多，在死亡的面前也仍是无能为力的。

藤蔓：藤蔓所譬喻的是"还不会，还不会，我还不会死"的那种以为还有二十年、三十年寿命可依恃的心情。但即使我们还有二十年、三十年的寿命，也不过只是"啊"的一声之间便如梦幻般地消逝了。

交互啃食着藤蔓的白老鼠和黑老鼠：指白天和晚上。白老鼠和黑老鼠在一刻不休地缩短着我们的寿命。无论在我们忙碌，还是休息的时候，时钟总在一如既往地为我们的生命进行着倒计时，最终，藤蔓必定被咬断，那便是"死"。

深海：指地狱。堕入地狱，必须承受苦难。

三条毒龙：分别指我们心中的贪欲、嗔怒、愚痴，产生地狱之苦的是这三条毒龙。由于贪欲之故，不知犯了多少杀生罪，累积了多少恶业；

由于瞋怒之故,在我们心中不知累积了多少对同事、对同行、对朋友、对亲人等"愿他快死"的心杀之罪;由于愚痴之故,在我们心中不知累积了多少对自己不幸的愤懑、对他人幸福的嫉妒之罪。我们的心是恐怖之心。

蜂蜜:指人的五欲——财欲、色欲、名誉欲、食欲、睡眠欲。作为旅人的我们,忘记了足下的危险,此心完全被蜂蜜所夺。一生当中,我们不断地为了满足自己的欲望,不断地舔着蜂蜜,不知不觉地堕下去,这样的人实在是太愚蠢。

这就是我们人生的真实之相。

众学者听完后,猛然醒悟。

【人生感悟】

有人说,"人生是一局棋,有进有退,有赢有输";有人说,"人生是一幅画,山山水水,起伏跌宕"。而我说,"人生就像一场旅行,在时光中跋涉,在岁月中穿梭,步履千山万水,赏大千世界,万千变化;人生也似一场修行,修行是一条路,而路的尽头就是智慧。"人生就是如此,在茫茫的旅途中,沿途有起伏的高山,一马平川的平原;平缓的河流,奔腾的巨浪,暮暮朝朝又一载,每个人都是匆匆的行者。我们不必在乎目的地,要在乎的,是沿途的风景,以及看风景的心情。人生在世,各有各的心路历程,但我们必须找出一条通往我们内心最深远处的道路。世事多变、人生无常,古人云:"达人撒手悬崖,俗子沉身苦海。"世间万物,不论美与丑、善与恶、得与失……既是相对,亦非绝对,却是无常的、缘生的。在烦恼的尘世中,看破了名利、得失的虚妄,放下了欲念的执着,看云舒云卷,花开花落,这就明白了人生的真谛。

2. 请你喝一杯柠檬茶

一个女孩独自坐在咖啡厅靠窗的位置，由于刚刚跟男朋友因一点琐事发生口角，心情不好，她便向服务员叫了一杯柠檬茶，心烦意乱地不停搅动着面前的那杯清凉的柠檬茶，泄愤似地用勺子捣着杯中未去皮的新鲜柠檬片，柠檬片已被捣得不成样子，杯中的茶也泛起了一股柠檬皮的苦味。

女孩叫来服务员，要求换一杯削掉皮的柠檬茶。服务员看了一眼女孩，没有说话，拿走那杯已被小女孩搅得很浊的柠檬茶，很快又端来一杯冰凉的柠檬茶，只是茶里的柠檬还是带皮的。原本就心情不好的她更加恼火起来，她叫过服务员大声地对他说："你没听见吗？我叫你给我换一杯没带皮的柠檬茶！"服务员看着她，他的眼睛清澈明亮，十分冷静地说："小姐，你不要着急，你知道吗，柠檬皮经过充分浸泡后，它的苦味就会溶解于茶水之中，那将是一杯清爽甘甜的味道，正是现在的你所需要的。所以请不要急躁，不要想在几分钟之内就把柠檬的香味全部挤出来，那样只会把茶搅得很浑，茶就没有什么味道了。"

女孩愣了一下，心里有一种被触动的感觉，她望着服务员的眼睛，问道："那么，要多长时间才能把柠檬的香味发挥到极致呢？"

服务员笑了笑说："12个小时。12个小时之后柠檬就会把生命的精华全部释放出来，你就可以喝到一个美味到至极的柠檬茶，但你要付出12个小时的忍耐和等待。"服务员停了停，继续说道："其实不只是泡茶，生命也是这样，最先是苦的，但是只要你肯付出12个小时的忍耐和等待，就会发现，事情并不是像你想象的那样遭，其实生命是那么的美好。"

女孩看着他："你是在暗示我什么吗？"

服务员微笑着说："我只是在教你怎么泡制柠檬茶，随便和你讨论一下用泡茶方法是不是也可以泡制出美味的人生。"服务员鞠躬、离去。

女孩面对一杯柠檬茶，静静地看着杯中的柠檬片，她看到它们呼吸，它们的每一个细胞都张开着，有晶莹细密的水珠凝聚着。她被感动了，她感到了柠檬的生命和灵魂慢慢升华，缓缓释放。12个小时以后，她品尝到了她有生以来从未喝过的最绝妙、最美味的柠檬茶。

女孩明白了，这是因为柠檬的灵魂完全深入其中，才会有如此完美的滋味。

女孩家的门铃响了，女孩开门，看见男孩站在门外，怀里的一大束玫瑰娇艳欲滴。

"可以原谅我吗?"男孩讷讷地问。

女孩笑了，她拉他进来，示意他坐下，然后在他前面放了一杯柠檬茶。

"我们可以有一个约定吗?"女孩开口说道。

男孩十分认真地回答："可以。"

"以后，不管遇到多少烦恼，我们都不许发脾气，定下心来想想这杯柠檬茶。"女孩说。

"为什么要想柠檬茶?"男孩困惑不解。

"因为，我们需要耐心等待12个小时。"

最后，男孩看着女孩会心地笑了。

【人生感悟】

泡制柠檬茶是一个过程，在其过程中，美好的滋味都是经过漫长的等待和痛苦而生成的，要想品尝到它真正的独到之处，唯有通过耐心的等待才能得来。其实，人生也是同样的道理：先苦才能后甜。无论我们做什么，如果不经过漫长的煎熬，我们是不可能品味到成功的喜悦的，"不经历风雨怎能见到彩虹呢?"

不经彻骨寒，哪得梅花香；苦尽甘来春满园，姹紫嫣红别样情，寒冬过后暖花开；千淘万漉虽辛苦，吹尽狂沙始到金；不经过痛苦，就不会知道成功的滋味；没有体会过冬天的寒冷，就不会觉得春天有多温暖。人生的真谛就是先苦才能后甜，苦尽才能甘来。人生就像一杯茶，热爱生活的人会从中品出无穷无尽的美妙，将它握在手中仔细观察，它的暗黑色中有红色，那正是生命的痕迹；抿一口留在口中回味，它的苦涩中夹杂着丝丝甘甜，如人生一般复杂迷离；喝一口下肚，余香沁人心脾，让人终生受益。

3. 完美往往通向绝路

古时候，有户人家有两个儿子。当兄弟二人成年以后，父亲把他们叫到跟前对他们说："你们兄弟二人都已经成年了，我们家后山产玉，群山深处有绝世美玉，你们应该去探险，去寻找那绝世之宝。"

遵从父亲的教诲，兄弟二人次日就离家出发去山中寻找绝世美玉，并约好四年以后在进山的地方相遇。

哥哥是一个注重实际、不好高骛远的人。进山以后，有时候，即使发现地上是一块有残缺的玉，或者是一块成色一般的玉甚至有些奇异的石头，他都统统装进了背包。过了四年，到了跟弟弟约定回合回家的时间，此时他的背包已经装得满满的了，尽管没有找到父亲所说的绝世完美之玉，但造型各异、成色不等的众多玉石，在他看来也足以令父亲满意了。

哥哥便到与弟弟约定的地方等他。不久弟弟到了，两手空空，一无所得。弟弟说："你这些东西都不过是一般的珍宝，不要父亲要求我们寻找的绝世珍品，拿回去以后，父亲也不会满意的。"哥哥没有立即回答弟弟，只是看着弟弟。弟弟接着说："我不回去，我要进山继续去更远更险的山中探寻，我一定要找到父亲所说的绝世美玉。不如，你跟我继续进山吧!"

哥哥没有答应弟弟的要求,仍然觉得这些石头虽然不是那么完美,但是父亲看后也一定会满意的。于是,哥哥带着他的那些奇形怪状的东西回到了家。回到家里,哥哥将自己寻找到的那些造型各异、成色不等的众多玉石给父亲看。父亲看完以后,非常高兴,笑着对他说:"你拿这些玉石,可以开一个玉石馆或一个奇石馆,这些玉石稍一加工,都是稀世之品,这些奇石也是一笔巨大的财富。"过了一会儿,父亲问:"弟弟怎么不跟你一块回来?"哥哥将弟弟的情况介绍给父亲听,父亲听了他介绍弟弟探宝的经历后,叹了一口气说:"你的弟弟不会回来了,他是一个不合格的探险者。他如果幸运,能中途醒悟,明白至美是不存在的这个道理,是他的福气;如果他不能早悟,便只能以付出一生为代价了。"

在父亲的帮助下,短短几年,哥哥的玉石馆已经享誉八方,在他寻找的这些玉石中,有一块经过加工成为不可多得的美玉,被国王御用做了传国御玺,哥哥因此也成了倾城之富。

很多年以后,父亲的生命已经奄奄一息。哥哥对父亲说要派人去寻找弟弟。父亲在弥留之际,语重心长地对他说:"不要去找了,经过了这么长时间和挫折他都不能顿悟,这样的人即便回来又能做成什么事情呢?世间没有纯美的玉,没有完善的人,没有绝对的事物,为追求这些东西而耗费生命的人,何其愚蠢啊!我们每个人都争取一个完美的人生。然而,自古至今,海内海外,一个百分之百完美的人生是没有的。正如古人所说,'人有悲欢离合,月有阴晴月缺,此事古难全'。不完美才是真正的人生,所谓的完美,在很大程度上不过是我们的一些虚幻的想象而已。在以后的生活中,不应该像你弟弟一样,要学会勇敢的接受生活中的不完美吧!"

哥哥从父亲的话中领悟到:"不完美才是人生,有所欠缺,才是真正完美的人生;有所欠缺,才是真正完整的生活。"

父亲死了以后，哥哥一直遵从父亲的嘱咐，自己的玉石生意做得越来越大。而弟弟，多年后便杳无音讯，在这个世界上再也没有此人了。

【人生感悟】

有句谚语说得好："世上没有不生杂草的花园。"阿拉伯人说得风趣："月亮的脸上也是有雀斑的。"说到底，金无足赤，人无完人。世界上没有绝对完美的事物，也没有一个绝对完美的人，至美是不存在的。不完美是"昨夜西风凋碧树"的清醒，而完美往往是"高处不胜寒"的迷惘。一个完美没有曲折的人生，让人没有缺憾，不会理解失去的痛苦和得到的幸福；一个没有品味过分离的相思之苦的人，不会领略到相聚以后的幸福的甜蜜；一个没有经历过被出卖的遗憾的人，不会体会到忠诚的可贵；一个没有品尝过失败的痛苦滋味的人，不会体会到成功的喜悦……人生就是这样，有所欠缺，才是真正完美的人生；有所欠缺，才是真正完整的生活。

自古以来，天有阴晴，月有圆缺，年有四季，花开花落，潮起潮落。真正完美的人生存在理念之中，而客观世界里，只能做到接近完美或相对完美的人生，也就是说绝对完美的人生是不存在的。有人说，静物是凝固的美，动景是流动的美；直线是流畅的美，曲线是婉转的美；喧闹是城市繁华的美，宁静是村庄优雅的美。生活中处处都有美，只要你有一双发现美的眼睛，一颗感恩美的心灵。

4. 生命有多长

一天，一位白发苍苍的老者带着众位弟子准备出游，站在云端俯瞰人间。他们看到世间每一座城市都车水马龙，人来人往、络绎不绝，每个人都低头奔着自己的目标匆匆地前行，甚至急得汗流浃背。老者看看了众位弟子，若有所思地问他们道："弟子们你们说世间的人民整天都这样忙忙碌碌，这到底是为了什么呢？"

所有的弟子双手合十，十分恭敬地回答说："师父，世人整天这样的忙忙碌碌，不外乎是为了'名利'二字。"

"那么，有了名利又能怎样呢？"老者接着问道。

"有了名可以得到别人的尊重，有了利可以满足肉体的欲望。"其中一个弟子回答说。

"可那些无名无利的平民百姓，他们整天到晚劳累忙碌，又是为了什么呢？"老者继续问道。

"师父，平民百姓劳累忙碌是为了养家糊口、吃饭穿衣。"一个弟子平静地回答。

"吃饭穿衣又是为了什么呢？"老者接着问。

一个弟子站起来，躬身答道："师父，人们吃饭穿衣是为了滋养肉身，享尽天年的寿命呀！"

老者用清澈的目光环视了一下弟子们，然后继续问道："那么，你们且说说世间的肉体生命究竟能有多长久呢？"

"师父，有情众生的生命有 10 年、20 年、30 年……平均起来有几十年的长度。"一个弟子充满自信地回答。

老者微微地摇了摇头说："看来，你并不了解生命的真谛是什么。"

"噢，我明白了师父，人的生命就在这饮食之间，所以，他们每天才要吃饭穿衣啊！"一个弟子欣喜地回答说。

"这并不对，人活一世，有诸多的事情要做，人活着并不只是为了吃饭穿衣！"老者纠正道。

另一个弟子见状，充满肃穆地说道："人类的生命就如花草在春夏秋冬之间，春天萌芽发枝，灿烂似锦，冬天枯萎凋零，化为尘土。"

师父听了，露出了赞许的微笑，说："你虽然能够体察到生命的短暂迅速，但是对生命的了解，仍然限于表面。"

这是有一个无限悲怆的声音说道："师父，我觉得生命就像浮游虫一样，清晨才出生，晚上就死亡了，充其量只不过是一昼夜的时间！"

"嗯，你对生命朝生暮死的现象能够体察入微，对生命本身已经有了深入肌肉的认识，但还是不够透彻。"

在老者不断否定、启发下，弟子们的灵性越来越被激发起来，这时又有一个弟子高声说道："师父，其实人们的生命跟朝露没有什么两样，看起来不乏美丽，甚至有的时候是如此的凄美壮观，但是只要太阳一出来，一眨眼的工夫它就蒸发消逝在这个空间而变得无影无踪了。"

老者笑而不语。弟子们继续冥思苦想起来，更加热烈地讨论起生命的长度来。突然，一个站在老者身后的弟子走出来，语惊四座地说道："师父，依弟子看，生命只在这一呼一吸之间。"

语音一出，四座愕然。大家都凝神地看着老者，期待着老者的开示。

"嗯，说得好！生命的长度，就是一呼一吸之间，只有这样认识生命，才能真正体味生命的精髓。所以，你们要切记不要懈怠放松，不要以为生命很长，就整天'明日复明日'地虚度。像露水有一瞬，像浮游有一昼夜，像花草有一季，像凡人有几十年，其实生命非常短暂，只在一呼一吸之间！你们应该好好地珍惜自己所拥有的一切，把握生命的每一分钟、每一秒钟，勤奋不已，自强不息。"老者语重心长地说道。

【人生感悟】

生与死是人生中一个永恒的话题。生命的所有奥妙，只在于一呼一吸之间。人的一生，犹如太仓之粒米，犹如灼目之电光，犹如悬崖之朽木，犹如逝海之一波。看似几十年的光景，相对于浩瀚的宇宙，人的一生就如同流星划过天际那短短的一瞬。生命短暂，我们只有了解了生命的本质和永恒的真理，才能无所畏惧，才能所有作为。

对生命而言，上天给你的生命不过是许多分钟，如果你把这些分钟视为粪土，无异于践踏自己的生命，最终你只会像慵懒的乞丐一样，蜷缩在世界肮脏的一角，羡慕地看着世间美好的一切……因此，在有限的生命里，我们要提醒自己不要虚度拥有的每一分、每一秒。好好地爱惜它、利用它、充实它，让它散发出真善美的光辉，映照出生命的真正价值。珍惜生命中的所有，才能前进，才能不枉度此生。这样我们的生命才能绚丽多姿、五彩纷呈。我们才能体会到生命的意义，体会到生命的价值，体会到幸福快乐的滋味。总之，学会好好把握一呼一吸的生命，就是了解了人生的真谛！

5. 执着＝死亡

在古代的欧洲有一位受人尊敬的技师，他的名字叫做迈克尔。他是一个才华出众的人，不论多么离奇古怪的难题，到了他手里总是迎刃而解。同时，他还发明了大量的新鲜玩意儿，来改变人们的生活。所以，在众人的眼里，迈克尔是博学多才的学者；在众人的心目中，迈克尔是挑战难题的英雄。

有一次，迈克尔曾经纵身跳下十米高的高台，然后靠着湖面的缓冲和自己精确的入水角度，毫发无损地回到了地面。目睹这一奇迹的人们大事欢呼，称赞着迈克尔的勇敢与矫健。迈克尔在群众的欢呼声中，也变得异常激动，于是他又登上了二十米高的高台，准备创造一个新的奇迹。

他的好朋友拦住他说："这一次太危险了，你还是不要冒险的好。"

迈克尔却说："在你的眼里这是危险的，在我的眼里这却是一次挑战。这就是你我的不同，也是我和平庸者的区别。在挑战面前，我总是愿意尝试一下。"说罢，他再次从二十米的高台上纵身跳下。在场的每一个人都屏住呼吸，张大了嘴巴，现场一片安静。当迈克尔从湖水中爬上岸来，向人群致意时，人们沸腾了，因为从来没有人跳下二十米的高台而毫发无损。人们为迈克尔这一盖世无双的壮举而欢呼雀跃，他们齐声高喊着迈克尔的名字，把他的名字和英雄联系在一起。看着为自己而疯狂的人们，迈克尔沉浸在了无比的自豪和快乐之中。

从此，迈克尔勇敢的声名远播，很多人慕名前来邀请他表演他的挑水绝技。几年过去了，迈克尔无数次地从二十米高的高台上跳入水中，然后安然无恙地重返陆地。可是，观众们已经不像第一次看到时那样热情，迈克尔觉得自己应该迎接新的挑战，再创奇迹。

一天，一只小鸟拍打着自己的翅膀，从迈克尔眼前飞过。迈克尔盯着远去的小鸟，一个创意油然而生。他想，如果自己能够像小鸟一样长出一对翅膀，那么就可以从更高的地方跳下来而安然无恙了。

于是，迈克尔花了两天时间不吃不喝地工作，终于造出了一对漂亮的翅膀。他向社会上发出消息说，自己要戴着这对人造翅膀，从欧洲最高的塔尖跳下。这个消息很快不胫而走，一夜之间就传遍了整个欧洲。人们再一次为迈克尔的勇气和激情而狂热，他的支持者从四面八方赶来，每个人都想亲眼目睹迈克尔所以创造的奇迹。

表演的日子到了，高塔的周围被围的水泄不通，连罗马的皇帝也亲自来捧场观看。这时，迈克尔的一个朋友费力地穿过人群，悄悄地对他说："我的朋友，你还是放弃这个危险的念头吧，如果你真的从这个塔上跳下来，最后一定不会有好结果的。"

迈克尔轻蔑地看着自己的朋友，不屑地说道："你要再次阻止我创造奇迹吗？马上我就要改变人类的历史了，现在我是不会因为你的话而改变决定的。"

他的朋友拉着他说："我衷心地希望你能成功，但是这次与跳水不同，下面是坚实的土地，你会摔得粉身碎骨的。"

迈克尔一把推开自己的朋友，说道："你还是走开吧，不要在啰嗦了！"说罢，径直朝塔尖走去。

当迈克尔站在塔尖上的一刻，所以的人都屏住了呼吸，广场上死一般的安静。这时，迈克尔的妻子赶到了现场，她大声呼喊着，希望阻止自己的丈夫做傻事。迈克尔向脚下看去，他现在的位置离地面足有一百多米。正在他犹豫的瞬间，看热闹的观众们开始齐声呼喊迈克尔的名字，同时传来雷鸣般的掌声和声嘶力竭的呼喊，他妻子的声音马上被淹没掉了。

迈克尔扬起自己的头，倾听着塔下的狂欢，这是他最后一次享受被人崇拜的感觉了，在海浪般的掌声与欢呼声中，迈克尔打开了自己制造的那一对翅膀，从高空中一跃而下。人们再次屏住呼吸，等待着这位英雄再次创造人类的奇迹。

可是奇迹终究没有发生，迈克尔就这样在自己的狂热与执着中结束了生命。

【人生感悟】

故事中的迈克尔之所以不断挑战跳水的高度，是因为太过执着于虚荣，被人崇拜已经成为了他生活的唯一支柱。很多成功人士也像迈克尔一样，执着于自己的成功，最后失去了人生的幸福，在执着中扭曲了自己的心灵，在扭曲中走向了绝望的人生。

其实，人的生命是有限的，而人的执着是无限的。把有限的人生投入到无限的追求执着中去，最终只会酿成人生的悲剧。获得幸福其实很简单，因为幸福并不需要拥有太多，而是懂得对现状知足。知足就是放下人生中的执着：把人生看淡，淡泊名利才能不被名利捆住了手脚；把人生看远，高瞻远瞩才能遇见美好的明天。

6. 一把茶壶的价值

在喧闹的小镇上，总少不了一家铁匠铺。从前，农民们所需的各种工具全赖于此。随着工业的进步，铁匠铺告别了往日的辉煌，只有年过半百的老铁匠还固执地经营着惨淡的生意。

老人每天在工作之余，也会自得其乐，经常可以看到他端着一把紫砂壶，躺在摇椅上，悠闲地晒着太阳。大家都知道老人的活计结实耐用，价格童叟无欺，虽然他从不吆喝，也不讨价还价，但是老铁匠的生活一直自给自足，悠然自在。

有一天，一个从大城市来的古董商路过这个铁匠铺，不经意间看到了老人手中的茶壶，马上被吸引住了。只见那把茶壶外形古朴雅致，颜色紫黑如墨。于是商人上前与老铁匠攀谈，顺便把茶壶借来观看。仔细鉴定之后，古董商发现，这把茶壶竟然出自清代制壶名家戴震公之手。戴震公的紫砂壶世上罕有，身价更是价值连城，于是古董商决心一定要把这把茶壶买下了。为了表达诚意，古董商向老人表示，自己愿意出五十万买老人手里的茶壶，希望老人能够割爱。

老铁匠操劳一生，从没想过这么多的钱，被商人的提议惊呆了。想了一会儿，老人还是拒绝了商人，因为这把紫砂壶是祖宗传下来的，他不能随便卖掉。

商人只好失望地离去，老人却平生第一次失眠了。内心烦躁的老人，身体一天不如一天，铁匠铺的生意也大不如前；老人依旧用那把紫砂壶喝茶，可是总觉得手中的茶壶变得很沉很沉。更糟糕的是，街坊邻居听说老人手里有这么一个宝贝，人人想来看看，一饱眼福。亲戚朋友们，更是一改往日的冷漠，拼命巴结，甚至有人直接提出要向老人借钱。商人回到城里，将自己的见闻告诉了几个同行，于是古董商们也盯上了老人的紫砂壶，每天进进出出，几乎踢破了铁匠铺的门槛。

老人身心俱疲，再也无法忍受眼下的生活。于是，他选了一个清闲的日子，叫来了亲朋好友和那些古董商人，当着大家的面将自己的紫砂壶放在一张小桌子上让大家瞧个够。大家一面观赏，一面猜测老人心中作何打算，很多人估计他是要将这把壶卖掉。

出乎所有人意料，老人忽然拿起一把斧头，当着众人的面，将那把价值连城的紫砂壶砸得粉碎。人们渐渐在责备与叹息声中里离去了，老人感到前所未有的轻松；铁匠铺的生意又恢复了往日的热闹，老铁匠也恢复了往日的悠然与安闲。

【人生感悟】

同一把茶壶，老铁匠用它喝茶的时候，可以品味到清茶的香气和人生的淡泊；当人们把它当作古董的时候，老铁匠的内心只能被喧嚣和烦躁所淹没。与其说是茶壶惹的祸，莫不如说是人心惹的祸。老铁匠把茶壶砸碎后才能获得轻松，这正如很多人一样，只有学会放下，才能获得心灵的洒脱和宁静。

其实，境由心生的实质不在于外界的环境，而在于我们的这颗方寸之心！由此可见，在漫漫人生路上，要想活得轻松快乐，就要放下物欲功利；要想得到解脱，就要放下欲望执着。

生活中，懂得及时放下，才能享受生命的清净。正如弘一法师所说："恬淡是养心第一法。"面对外面的功名富贵、勾心斗角，我们只有将心灵安置在一个坦然的境界里，才能不受尘世的任何束缚和羁绊。彼时才发现，原来一颗不起贪欲的心灵，可以创造一个波澜不惊的世界。

7. 你是哪种马

有位年轻人，大学毕业后一直庸庸碌碌，无所事事，在普通的岗位上疲于应付，浑浑噩噩地混日子，几年后仍旧一事无成。看到周围的同学个个都事业有成，年轻人感到心灵空虚难耐，就到一位成功人士那里去找寻成功秘诀。

那位成功人士了解了年轻人的现状后，认真地对他说："你从未认真地做过一件事，认真地对待你的工作，怎么会有所成就呢？"随后，这位成功人士看着他，就对他说道："世界上有四种马：第一种是绝等的良马，主人为它配上马鞍，套上辔头后，它奔跑的速度快如流星，能够日行千里。尤其可贵的，当主人一扬起鞭子，它只要见到鞭影，便能够知晓主人的心意，迟速缓急，前进后退，都能够揣度得恰到好处。这就是深受世人称赞的能够明察秋毫的一等良马。"

"还有一种马也是好马，当主人的鞭子抽过去的时候，它看到举起的鞭影，不能马上警觉；等到鞭子扫到了它尾巴的毛端时，它才能够知晓主人的意思，便会马上向前奔驰飞跃，也可以算得上是反应灵敏、矫健善走的好马。"

"第三种则是一种庸马，不论主人多少次扬起鞭子，它看到扬起的鞭影，不但不能迅速地做出反应，甚至等皮鞭如雨点般地抽打在它的毛皮上，它仍无动于衷，反应极为迟钝。等到主人鞭棍交加，将皮鞭落到它的肉躯上时，它才能够察觉到，然后才会顺着主人的命令向前奔跑，这等马是后知后觉的庸马。"

"第四种马则是一种驽马，当主人扬起手鞭之时，它视若无睹；即便是将鞭棍抽打在它的皮肉上，它也仍旧毫无知觉；直至主人盛怒至极，它才能如梦初醒，放足狂奔。这种马是愚劣无知的驽马，因为它的冥顽

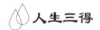

不化，最终不受人们喜爱！"

那位成功人士将话说到这里，突然就停顿下来，眼光极为柔和地扫视着年轻人。看到年轻人聚精会神、若有所思的样子，就用庄严而又平和的声音说道："知道吗？这四种马分别对应的是四种不同的人生：第一种人看到自然无常变异的现象，生命陨落的情况，便能够悚然警惕，奋起直进，努力去创造一个崭新的生命；第二种人则是看到世间的变化无常，看到生命的大起大落，也能够及时鞭策自己，从不懈怠；第三种人则是等看到自己的亲友经历，看到颠沛流离的人生，经历过死亡的煎熬后，非要等到亲尝到鞭杖的切肤之痛后，方能幡然大悟；第四种人是当自己病魔侵身、风烛残年的时候，才悔恨当初没有及时努力，在世上空走了一趟，就像第四种马，非要受到彻骨的剧痛后，才知道奔跑，然而，一切都已经完了。"

【人生感悟】

四种马代表了四种不同的人生，我们要想不让自己沦落为第四种马的悲惨结局，就要及早地为自己的人生做一个规划，这样才能时刻激励自己不断前进，不至于在一切都结束的时候，才去懊悔人生的虚度。

8. 人生梦醒时

话说唐玄宗开元年间，有个姓卢的读书人胸怀大志，进京赶考，傍晚在路旁的一家旅店投宿。

旅店里刚好住着一个须发皆白的老道，自称姓吕，人们都叫他吕翁。这一老一少两个人一见如故，天文地理、人间得失，无所不谈。

正在谈得十分投机之际，卢生忽然感叹说："想我堂堂男子汉大丈夫，如今却落得这般地步！"吕翁听了不解，就问他何出此言。

卢生踌躇满志地说："男子汉大丈夫，活在天地间就应该干一番轰轰烈烈的事业，出将入相，享尽人间的荣华富贵，如此才不枉此生。可是我至今还是一事无成！"说罢，满眼困意，哈欠连连。

这时，旅店里正在蒸黄粱饭，吕翁取出一个枕头递给卢生，并对他说："这个枕头是我的一个宝贝，你只要枕着它睡一觉，自然就会称心如意。"

卢生接过枕头很快就进入了梦乡。在梦里，他梦见自己娶了一个漂亮的妻子，而且这个妻子是世家大族的女儿，二人的婚后生活非常富裕舒适。

第二年，卢生就考中了进士，做了官，而且官衔一天比一天高。

后来，因为边境异族首领的侵扰，他又被任命为河西节度使。他来到边境，亲自率兵解了国家之危，为朝廷立下了汗马功劳。

被调回朝廷后，继续官运亨通，最后位极人臣，做了宰相。

不料木秀于林，风必摧之。他的飞黄腾达遭到奸臣的妒忌，于是被诬告勾结边将，图谋造反；皇帝听信谗言，将他全家逮捕下狱。

在监牢里他哭着对自己的妻子说："我这么多年来追求功名，如今落得这般田地，想想自己，真是何苦啊！现在我但愿还能像当年没有发达之前那样，穿着粗布袄，骑着小青马，无拘无束地生活。"他越想越懊恼，最后想拔刀自杀，但是没有成功。

也多亏没有死在狱中，皇帝不久就免了他的死罪，把他们全家流放到边远的地方去了。

世事浮沉，数年之后，奸臣都倒台了，皇帝发现了当年的冤案，重新起用卢生做宰相，所受到的赏赐和荣宠更胜过从前。

身为宰相的他功成名就，卢家也成了当时的名门望族。就这样他一直活到八十多岁，儿孙满堂，与当时的权贵都保持着婚姻关系，可谓盛极一时。

转眼走到了人生的尽头，卢生忽然一觉醒来，却发现刚才的一切不过是自己的梦幻世界。真正的自己正睡在旅店里，店主人蒸的黄粱饭还没有熟呢。

于是卢生有所醒悟，深知世上的功名富贵，不过是黄粱一梦。得知这位吕翁就是大名鼎鼎的纯阳真人吕洞宾之后，他便跟随吕洞宾一起修道去了。

【人生感悟】

这就是"黄粱一梦"的典故，用来警醒那些只知道向外追求身外之物，不懂得修养自己内心的人。冯友兰先生曾在他的《三松堂全集》中写道："凡物皆由道而各得其德，凡物各有其自然之性。苟顺其自然之性，则幸福当下即是，不须外求。"

在生活中，如果我们能放下自己的后天欲望，那么就能找回自己的先天本性。不盲目追求虚无的荣华富贵，截住内心的物欲横流，那么马上就可以感受到内心真正的幸福。

然而，要放下对于物质生活的追求，并非易事。我们不妨想想自己刚出生时的样子：当我们还是婴儿的时候，只会用纯洁的眼光来看这个世界，觉得一切好坏未分，世上的一切都是那么的充足、美好。而涉世渐深之后，却不知道自己所拥有的，已经远远多于自己所需要的，为了满足自己的欲望而痛苦、忙碌。其实，只要放下欲望，幸福当下即是。

9. 小心人生的陷阱

从前，有位有权有势的财主，但是他所拥有的一切并不能满足他内心的空虚。因此他总觉得自己的权势还不够大。

一天，财主的妻子和他说，儿子已经到了成家的年龄，需要找一个媳妇。财主心想，以我的权势，国内可以称得上门当户对的，只有国王的女儿；不过，如果要娶公主当儿媳，一定要比国王更有权势才行。可是，国王是一个国家最有权势的人，财主对此心知肚明。于是怎样才能比国王更有权势就成了财主的困扰，他每天茶不思、饭不想，不久就病倒了。

有一天，一个从西藏回来的出家人对他说："老爷，我刚从远方高原回来，那个地方，有一位智者神通广大，只要您去求他，一定能圆满您的心愿。"

财主半信半疑地问道："你说的是真的吗？"

出家人回答："当然是真的！这位智者十分慈悲，有求必应。但是您要赶快起来准备，才能够早日达到心愿，免得被别人捷足先登了。"

于是财主赶快从病床上起来，草草收拾行囊，准备到远方高原去求见智者。家人也无法阻拦，只好立刻为他准备干粮、衣物。

财主日夜赶路赶路，跑死了十匹快马后终于见到了智者。智者慈悲地说："你如此诚意地来见我一定心有所求，你想要什么，我都可以给你。"财主心想，如果自己拥有比国王更多的土地，那么就可以在权势上超过自己的国王，于是说："尊敬的智者，这里最多的就是土地；所以，我希望您能给我土地。"

智者回答："可以。你要多少呢？"这下财主犯难了，因为要求多了害怕智者说他贪心而一无所获；可是要求太少又觉得心有不甘。正在他犹豫之际，智者对他说："这样好了！你只要在明天天黑以前回到我这里，凡是你走过的土地都将属于你。"

财主听罢心中大喜。第二天天未亮时，他就匆匆出门，拼命地跑呀跑，一刻也不敢停下来。口渴时也舍不得停下来喝口水，唯恐少跑一步，就会少掉一块土地。直到日影西斜、黄昏已近，他才百般不舍地往回跑。

当财主回到智者的面前时，天色已黑，财主也累得奄奄一息了。智者问他："你已经走了很远的路，得到了很大的土地，你觉得这样够了吗？"财主气若悬丝地回答："还不够。"说完，竟然在智者的面前倒下来停止了呼吸。

【人生感悟】

　　人生中最大的陷阱是我们自己内心的贪婪。生活中的很多事情，并不是追求就能够得到。让人难以置信的是，有时候追求得越多，反而失去的就会越多。故事中的财主，为了追逐权力，竟然连一口水都舍不得喝，临终之前，仍然觉得自己权力不够。他的一生忙忙碌碌，最后却是这样草草收场。

　　在生活中对权力贪婪的人，永远是"有一缺九"，他们只看到自己上面还有更高的权力宝座，却看不见生活中的平淡美好。正如《红楼梦》里的《好了歌》所唱："世人都晓神仙好，只有功名忘不了！古今将相在何方？荒冢一堆草没了！"其实，知足常乐，知足的人就可以享受神仙般的逍遥自在。而那些只知道向外追求的人，内心的欲望永远无法得到满足。执迷不悟地追逐权力，最后得到的不也是"黄土一抔"吗？

10. 最好的安排

　　有一个国家，虽然很小，人也很少，可是这个国家的人民却过着悠闲快乐的日子，因为他们有一位智慧的宰相和一位很大度的国王。这个国王没有什么不良嗜好，不过他很喜欢打猎。除此之外，他还喜欢和宰相一起去微服私访。这个宰相除了处理国事以外，就是陪着国王一起查探民情。宰相有个爱好，他喜欢研究人生的真相。他喜欢说的一句口头禅就是："这些都是上帝最好的安排。"

　　有一天，国王兴高采烈地到草原上打猎，随从们带着几十条猎犬，阵势极为壮观。国王的身体素质非常好，筋骨结实，皮肤光泽，看上去很有一国之君的风度。手下看到国王骑在马上，威风凛凛地追逐着一头雄狮，都不禁赞叹国王勇武过人。狮子奋力逃跑，国王在后面紧追不舍，一直追到狮子的速度减慢时，国王才从容不迫地弯弓搭箭，瞄准狮子，利箭顿时像闪电一样，眨眼间就不偏不倚地射入狮子的脖子，狮子应声倒地。国王很开心，他看着狮子躺在地上很长时间都没有一点动静，一时失去戒心，竟然在随从们没赶上的时候，就下马检视狮子。没想到，狮子就是在等待这一刻，它使出最后的力气，突然跳起来向国王扑过去。国王当时吓得愣住了，看见狮子张开血盆大口扑过来，他下意识地用手一挡。庆幸的是随从及时赶到，立刻发箭射入狮子的咽喉，国王觉得小指一凉，狮子就闷不吭声地倒在地上，这次狮子的确是死了。随从忐忑不安地走上来询问国王是否无恙，国王看看手，小指头被狮子咬掉了一小截，血流不止，随行的御医立刻上前为他包扎。虽然国王伤得不算严重，可是他打猎的兴致已经被破坏了，本来国王想找人责骂一番，可是想到这次只能怪自己太过心急，不能责怪别人，所以闷不吭声，众人也就跟着黯然回宫了。

回宫后，国王越想越不高兴，就想到找宰相来饮酒解闷。宰相得知这事后，边向国王敬酒，边笑着对国王说："国王陛下，您少一小块肉也总比丢了性命强得多，想开一些，这些都是上天最好的安排。"国王一听，憋了半天的情绪终于找到宣泄的机会。他看着宰相生气地说："你实在是无礼，你真的觉得这些都是上天最好的安排吗？"宰相虽然明知国王在发怒，却毫不在意地回答："国王陛下，的确，假如我们可以超越一时的得失成败，就会发现这的确都是上天最好的安排。"国王说："假如我把你送进监狱，这是不是也是最好的安排呢？"宰相笑着说："假如真是这样的话，我依旧相信这是最好的安排。"国王说："假如我吩咐手下把你拉出去砍头，这也是上天最好的安排？"宰相依旧笑着面对，好像国王在说一件和他毫无相干的事，"假如是这样，我依然深信这是上天对我最好的安排"。国王勃然大怒，用力拍了一下桌子，两名手下立刻走上前，皇帝说："你们立刻把宰相抓出去斩了。"手下愣住了，一时间不知该怎么办。国王大声说："还等什么！"手下这才如梦初醒地上前架起宰相。

25

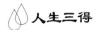

在他们往门外走的时候，皇帝忽然后悔自己这样说，于是又对手下说："先把他关起来再做处置。"宰相回头对国王笑着说："这的确是最好的安排。"国王挥挥手，两名护卫就架着宰相出去了。

过了一个月，国王养好伤，他打算像从前一样找宰相一起去访查民情，但是一想到是自己亲手把宰相送入监狱的，碍于身份，他也放不下身段，只好叹着气自己一个人出游了。走了很远的路，国王来到一个偏远的山林里，此时，从山上突然冲下一队野蛮人，他们两三下就把国王五花大绑地带回他们的居住地。原来这些人是原始部落的人，而今天恰巧是祭祖日，这支原始部落每年在这一天都会寻找祭祀祖先的贡品。国王心想：这次真的没救了。国王对这支部落的人大声喊："我是国王，只要放了我，我可以给你们许多金银珠宝。"不过这些人却开始嘲笑他，根本没有人相信他是国王。当国王看到一口大锅时他的脸变得苍白起来。这时部落首领当众脱下了国王的衣服，他们看到了一件完美无瑕的祭品，既漂亮，又没有一点疤痕。原来他们要祭祀的祖先是象征完美的神，所以，祭祀品不能有丝毫残缺；以往的祭品虽然无瑕疵，但皮肤是无法与皇帝相比的。正在此时，部落首领发现国王的小指头缺了半截，他咬牙切齿地咒骂了很长时间，才下令说："放了这个废人，再找另外一个完美的人。"脱困的国王十分高兴，他飞奔回宫，马上叫人释放了宰相，并在花园中设宴款待他。

国王一边向宰相敬酒一边说："你说的果然一点没错，这一切居然都是最好的安排。假如我不是被狮子咬了一口，恐怕今天就要丢了性命。"宰相回敬国王说："贺喜国王陛下对人生的体验又深了一层。"过了一会儿，国王忽然问宰相说："我幸运地捡回一条命，当然算是最好的安排，但是你却无辜被关押一个月，这又是怎么解释呢？"宰相喝下一口酒，不在意地对国王说："国王陛下，你把我关在监狱里，的确也是最好的安排，你想一下，假如不是我在监狱里，那么我一定会陪你去微服私访，等到这个部落的人发现国王您不适合拿来祭祀神的时候，谁会被当成祭品呢？是不是我呢？所以，我要为国王将我关进监狱而向您敬酒，您同样救了我一命。"

【人生感悟】

人的一生有得也会有失，有高潮也有低谷，甚至有时候不幸都会变成万幸。这就像大自然中的日升日落、潮起潮落一样。当我们处在人生的最顶端时，不要忘乎所以，因为月满则亏，水满则溢，等待我们的将是下坡路，当我们处于人生的低谷时同样也不必灰心丧气，因为物极必反，否极泰来，等待我们的一定是新的转机。所以，在对待成败、得失、幸与不幸的问题上，应该有一种豁达的态度，珍视人生的每一份情感，不管发生什么事，都应该认为是上天最好的安排，都是人生必须经历的。因为，世间的事情就像故事中那样曲折复杂，我们眼前看到的好事，却可能埋藏着祸根；而暂时经历的不幸，却有可能在日后给我们带来幸运。这样去思考人生，我们才能坦然面对人生路上的挫折和不幸，让自己用轻松的心态走好以后的路。

11.　迷惑所有人的幻术

从前，有位幻术师非常精通幻术，他有一位朋友是出家师父，两人非常要好。有一天两人像平时一样坐在幻术师家里边喝茶边聊天。闲聊中，出家师父对幻术师说："我想看看你的幻术，能给我表演一下吗？"

幻术师笑了一下，走到门口，叫朋友过来看。出家师父走过去，看见门边有一匹高头骏马，那骏马威武健壮，比画的还要好看。幻术师说："你想要这匹马吗？我可以卖给你。"

出家师父问："这么好的马你是从哪里得到的？要卖多少钱？"幻术师说："马的价值应该由它的力量和速度来决定，你先骑一下看看马的好坏，然后再谈价格，我们朋友之间没什么不好谈的。"

出家师父未加思索就骑上了马，幻术师把缰绳递给他，然后在马的屁股上使劲地拍了一下。骏马像箭一样冲了出去，带着出家师父跃过高山谷地、草原河堤，走了几天几夜，穿越了千山万水。最后，骏马把他摔在了一个陌生的旷野上，头也不回地消失在前方。

出家师父跋山涉水，终于艰难地走出了旷野，来到了一个牧区，那里的牧民以放牛放羊来维持生活。他在那儿乞讨，可是得到的食物非常少，只够勉强吃几天。因为人生地不熟，而且语言不通，他像狗一样流浪了许多日子。

后来和牧民慢慢接触多了，他开始听懂了他们的方言。幸运的是，那地方的牧民都是信佛的，他们问他是否会念经，他说，念得很熟练。于是有一些牧民请他念经做法事，起初他就以这样的方式生活着。

后来，他因为结交了坏朋友，跟随他们一起做了不好的事情，因此破了戒。再后来，他和当地的一位姑娘相爱并还俗成家了。为了照顾家庭，他整天忙着放牧和打猎，全然不顾痛苦和罪过。他们生了三个儿女，在把儿女一个个养大的过程中，他怕他们着凉、生病、饥饿，怕他们夭折。儿女生病了他宁愿用自己的死来代替，在饱尝诸如此类的无数担心和折磨的过程中，儿女们被渐渐养育长大。

未曾想，儿女们稍大之后，却不听父母的话，互相吵闹打架，摔坏贵重的东西，看到好的东西就要，父母看不到时就偷。在感受如此种种痛苦的同时，夫妻两个之间还经常吵架，互相责骂，甚至有几次还打得头破血流，成了离也离不了、分也分不开的冤家夫妻。他们缺衣少食，日子过得十分艰苦。好不容易熬过了艰难岁月，孩子们长大，变得比较懂事，知道孝敬父母了，可他已经老了。

想当年，他也曾经是父母的宝贝，后来成为出家师父，之后变成还俗成家的年轻丈夫，可现在变成了老头。因为年纪大了，又因为养活家人吃了很多苦，而且家人总是吵吵闹闹，加上他的身体里面还有各种疾病逼迫，外面又是恶劣的环境逼迫，他变得像个饿鬼一样，谁都不想见。

可是为了生活，他仍然不得不出去打猎。年轻时为了能猎获岩石山上的岩羊、草坡山上的羚羊、森林里的鹿、草原上的野骡，他手拿猎枪，腰挂火药，上午爬上岩石山，下午奔走野牛道，晚上在山脚等候鹿吃夜草……喝水的狐狸，寻窝的獾，吃草的雪猪，甚至兔子和鸟，他看到什么就杀什么，杀死什么就吃什么，他以这样的生活方式度过了人生的一半时光。

那时，在响亮的枪声和白色的硝烟中他可以把肉堆得像岩石山。可现在他身体衰老，手脚关节疏松，腰酸背痛；坐下站不起来，站起来又坐不下去，好不容易坐下时就像马背上的货捆猛然掉落在地；走路时没有气力，就像抓鸟人般轻手轻脚。曾经俊美锐利的眼睛现在看不清远方，上眼皮耷拉下来几乎要盖到下眼皮，嘴瘪瘪的像皱巴巴的羊皮口袋；想说话但是口齿不清，想交谈却听不清对方说话。就这样他还得去上山打猎，尽管空手回来的次数越来越多，但他还是拼命去做，踏着晨霜，披着夜星，度过晚年的一天又一天。

有一次他照例上山去打猎，走了很久之后，在一个山坳里发现了一头刚刚产下幼崽的母羚羊，母羚羊身体十分虚弱、动弹不得。他非常无情地杀害了它们，然后以枪作为拐杖，一瘸一拐地背着羚羊的尸体往家走。走到家的河对岸时，小儿子看见爸爸带着猎物回来，非常高兴，一边喊着爸爸，一边兴冲冲地跑过来，不慎一个失足从桥上掉了下去，立刻就被汹涌的河水冲走了；哥哥姐姐看见弟弟掉到河里，赶紧跳下去救，结果也被河水冲走；妻子目睹这一切，大哭大叫，不顾一切地跳进了河里。

眼看一家人转眼间都被河水冲走，他伤心欲绝、昏倒在地，不知过了多久才清醒过来。他倚着枪想站起来，却又倒了下去。就在这时，突然间他感觉像天亮般清醒过来，一看自己正在朋友家里，拿着一根棍子，倒伏在地。

幻术师笑着对他说:"起来喝茶吧。"他爬起来,发现刚才倒的那杯茶还是热的。他感到十分惊讶,在短短几分钟的时间里,他竟然经历了一生的坎坷和痛苦!他无法相信这一切,愣了好一会儿才回过神来。

【人生感悟】

"终日奔波只为饥,方才一饱便思衣。衣食两般皆俱足,又想娇容美貌妻。娶得美妻生下子,恨无田地少根基。买到田园多广阔,出入无船少马骑。槽头拴了骡和马,叹无官职被人欺。当了县丞嫌官小,又要朝中挂紫衣。若要世人心里足,除是南柯一梦西。"

古人的一首打油诗,写尽了世道人心的欲壑难填。低头细想,有多少人将自己宝贵的生命耗费在了追逐荣华富贵上,直到生命快到尽头的时候,才发现这些原来只是过眼云烟,生不带来,死不带去。

当然,人生应该有所追求,但绝不是追求财富和地位,因为财富再多,地位再高,不过是一场黄粱美梦。人生应该追求的是豁达的心胸和坦然的生活,唯有黄粱梦醒,才知道幸福就在自己心里。

12. 生命的配方

史蒂芬是美国小镇阳光岛上的一位中产阶级。岛上整日阳光灿烂,海水碧蓝,史蒂芬一家一直过着像阳光一样舒适的日子。但是,在史蒂芬年近60岁的时候,却赶上了美国的经济危机,人们手中的钱价值一落千丈。更惨的是,这时的史蒂芬偏偏又得了一种据说必死无疑的怪病。

医生如实地告诉史蒂芬,他只能在这个世界上再活两年了,希望他好好地珍惜剩下的生命,享受岛上的阳光。

听了医生的话,史蒂芬受到了从未有过的沉重打击,这等于宣布他的一切都完了。而这时迅猛异常的经济危机又如风暴一样刮上小岛,史蒂芬家里的几个钱根本经不住这场危机大潮的折腾。岛上的一些小店已经宣布破产了，史蒂芬眼前的一切都是那样的糟糕。

面对疾病折磨的史蒂芬，经过几天的认真考虑，作出了一个大胆的决定，即把家里的钱马上全部投出去，他想买下两栋房子，然后再将房子租出去，钱虽然不值钱了，但房价还是会一路攀升的。这个主意得到了全家人的支持。于是，史蒂芬把家里的60多万美元全都拿出来买了房子。

可是，当时所有的美国中产阶级都是这样盘算的，大家都将手里的钱投向了房地产，结果事与愿违，不但房子多得没人租，而且还要支付养房子的开支。这对病中的史蒂芬来说真是雪上加霜。

史蒂芬的计划失败了，他不但没能保住家里的钱，还让全家人在一夜之间成了穷光蛋。更惨的是，这时离据医生宣布他死亡的日期，只有一年半的时间了，史蒂芬也已经过了60岁，真正地成了一个老人。

因为不忍心在自己离开人世前让全家人背上如此沉重的包袱，史蒂芬努力打起精神振作起来，这也让全家人从中受到鼓舞。史蒂芬的精神果然在家里起了很大的作用。不仅如此，史蒂芬还做出了更为惊人的举动，他宣布要重新投入工作。说干就干，他向朋友借钱开了一家香水店；他决心用自己最后的一点时间，为家人作一点贡献。在卖香水的过程中，史蒂芬还对研究香水的配方产生了兴趣。想不到经他亲自研制的一种香水在市场上竟然非常畅销，这让他喜出望外。

史蒂芬从此忙得不可开交。而那时他又在阳光岛上发现了一种更纯正的天然植物可以作为新的香水配方，这更使他激动不已。

而此时与史蒂芬患同一种病的人，已经提前死去了。史蒂芬离医生宣布的死亡日期也越来越近，可史蒂芬依然感觉良好。史蒂芬想，一定是老天有眼，要让他为人类配制出这种天然的新型香水后，才让他去见上帝。可是，直到史蒂芬的新型香水摆满了全美的各大超市，他仍然活

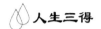

着。那时，已经超过医生宣布他死亡的日期两年。

史蒂芬搞不懂这是怎么回事。他再去医院检查时，医生告诉他，他的病情正在好转，这一点连医生也感到惊奇。几年之后，史蒂芬的病状全部消失了。医生觉得，这是一种强大的精神力量支持的结果，正是这种前所未有的精神力量让史蒂芬脱胎换骨活了下来。

与其说史蒂芬发现了香水的配方，还不如说他发现了生命的配方：一种奇特的忘我精神。

从此，史蒂芬就那么精神饱满地走在阳光岛上。他成了全美老人们的榜样，他的相片被刊登在美国的许多报刊上，他总是笑得一脸灿烂。同时被人们记住的还有他的那句名言：勇敢，无畏，开朗和豁达，所有这些都是生命的配方。

【人生感悟】

世事无常，也许你一直都相信自己，但是失败、挫折与成功一直不露曙光，让你泄气、信心动摇，甚至自暴自弃。在这种境地，就需要自己给自己鼓劲儿，并且用坚强驱走头顶那方乌云，让希望降临。

很多人常常为生活中一些不顺的事抱怨，甚至养成了抱怨的习惯，大到命运的不公，让自己输在了起跑线上；小到午餐时老板给你的牛肉面少放了两块牛肉……总之，遇到不顺心的事情就会抱怨老天亏待了自己，进而祈求老天赐给自己更多的力量，帮助自己渡过难关。但实际上，老天是最公平的。

根据联合国统计的数字，如果你卡里有存款，包有现金，还有富裕的零花钱，那么你已是跻身世上最富有的 8％ 了；如果你早上起床时，一切完好，没病没灾，你已经比活不过这周的 100 万人幸福多了；如果你没有经历过战乱、牢狱、饥荒，那么你已经比世界上的 5 亿人拥有更多的幸福了。虽然有点夸张，但这也告诉年轻人一个道理：别让你的生活充满抱怨，只有弱者才会抱怨生活的不如意，而强者则选择改变自己的生活。

Part 2 生活真相：
不必纠结，生活本身是一连串矛盾的载体

要活得明白，我们还要看透生活的真实"面目"。对此，一位哲学家认为，生活本身就是一连串矛盾的载体，你若纠结久了，那它就会如影随形地伴随在你左右，生活就成了一副重重的担子。所以，对待生活我们不必太过期待，坚持不必太过执着；要学会随时放下，放下不切实际的期待，放下没有结果的执着。凡事要看得淡一些，看开一些，看透一些，什么都在失去，什么都留不住，唯有当下的快乐和幸福才是我们能切实感受到的。

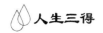

1. 生活到底是什么

一日，一位满脸愁容的商人敲开了智慧老人的门。

"智慧老人，我急需你的指点。虽然我很富有，但是人人都对我横眉冷对，极不友善。生活真像是一场充满仇恨，尔虞我诈的战争，在这场没有硝烟的战火里，人们都在拼命地厮杀着，现在的我已经遍体鳞伤，我已无力继续生活下去……"

还没等他说完，智慧老人回答说："那你就停止厮杀吧！"

商人对这样的告诫感到无所适从，他带着失望离开了智慧老人的家。在接下来的日子里，他情绪变得更糟糕了，出门在外时，与合作伙伴吵，与客户吵，跟下属发脾气；回到家时，与妻子吵，与父母吵，无缘无故地"教育"儿子，由此结下了不少冤家。不久之后，他变得心力交瘁，再也无力与人一争长短了。

生活使他快窒息了，于是他再一次叩开了智慧老人的大门。

"哎，智慧老人，现在我不想跟人家斗了，我也没有力气再去做那些愚蠢的事了。但是，生活为何还是如此沉重——它真是一副重重的担子呀，有时压得我都喘不过气来了。求你救救我吧！"

"那你就把担子卸掉吧。"智慧老人简短地回答说。

这一次，商人对智慧老人如此地回答自然还是不满意，甚至感觉老人是在敷衍自己，为此，他很气愤，怒气冲冲地走了。在接下来的一段时间里，他的日子更难熬了，这是他一生中最艰难的时刻，一个又一个的烦心事接踵而至、扑面而来：他的生意遭遇了挫折，合作多年的商业伙伴，拒绝再次跟他合作，平日里你来我往的客户也退出了他的视线，跟随他多年的同伴也离开而去；生意一天一天萎靡下去，最终不仅丧失了所有的家当，而且还欠下了巨额的债务。妻子因经不起打击，带着孩子也离开而去。他从一个还算富裕的人，一下子变得一贫如洗，孤立无援。生活无助之下，他硬着头皮，第三次叩开了智慧老人的门，再次向这位智慧老人讨教。

"智慧老人，我现在已经两手空空，一无所有，生活里只剩下来了悲伤、哀叹，请你指点指点我，我如今如何是好啊？"

"那就不要悲伤、哀叹呗。"智慧老人还是极为简单地回答。

这次商人似乎已经预料到智慧老人会有这样的回答，出人意料的是这一次，他既没有失望也没有生气，而是选择待在智慧老人居住的那个山的一个角落里。

有一天，他突然悲从中来，伤心地号啕大哭起来，一小时、二小时……一天、两天……一个月、两个月……就这样，他都一直在流泪。

最后，商人的眼里流干了。他抬起头，早晨温煦的阳光普照着大地，成群的蝴蝶在泉边舞蹈，欢快的鸟儿在枝头放歌。在这么美好的日子，他于是又来到了智慧老人那里。

这次，商人改变了以往的请教问题的方式，而是十分礼貌地问道："智慧老人，请问，生活到底是什么呢？"

智慧并没有立即回答，而是抬头看了看天，然后微笑着回答道："一觉醒来又是新的一天，你没看见那每日都照常升起的太阳，那泉边嬉戏的蝴蝶，那放声歌唱的鸟儿，那……"

还没等智慧老人，商人豁然开朗，似乎明白了生活的道理。点了点头，答谢智慧老人后，便离开了。

▶【人生感悟】

生活到底是沉重的，还是轻松的？这全依赖于我们怎么去看待它。生活是一个大转盘，每天都有不同的惊喜；生活是一副七巧板，需要你用心去摆放；生活是一个画板，画着你的喜怒哀乐。永远不要为生活中种种的矛盾而纠结。生活本身就是一连串的矛盾载体，你若纠结久了，那它就会如影随形

地伴随在你左右，生活就成了一副重重的担子。人生是条不可回头的单行线，生活没有观众，主角就是我们自己。生活不是在演戏，我们无须用太多的脂粉去涂抹自己，更无须戴上"面具"去"逢场作戏"。"一觉醒来又是新的一天，太阳不是每日都照常升起吗？蝴蝶不是照常在泉边嬉戏？每天清晨鸟儿也照常歌唱……"心有杂念，生活就是活坟墓。放下烦恼和忧愁，生活就会还你灿烂的阳光、起舞的彩蝶、动听的鸟鸣……生活原本如此简单。

2. 送你一株幸运草

教授家小区的花园里，种着成片的绿草。在教授看来，这些草其貌不扬，极为普通，却也绿得殷勤、绿得可爱。教授每次路过花园的时候，总会低头看一看。

一天，教授路过花园时，看见几个小女孩站在草丛边，似乎在寻找什么东西。

教授走上前边，很礼貌地问了一句："请问，你们在寻找什么？我可以帮你吗？"

"幸运草。"其中一个女孩回答道，"有四片叶子的草，谁找到了就可以给谁带来幸运。"

教授一下子懵了，心想："自己教了这么多年书，居然不知道什么是幸运草。"正在教授自言自语的时候，忽然听见另一个小女孩问道："老师，你不会不知道幸运草是什么吧？"

教授没有回答小女孩的问题，而是蹲下身来加入了他们的寻草队伍。但是，他只是低下头去找了找，忽然想起自己还有些事情需要处理，就马上失望地走开了。

后来，教授回到家，白天那两个寻找幸运草的小女孩去总是在他脑海里挥之不去。于是他索性放下了手头的工作，翻开书查阅起了关于幸运草的资料。他看到书中关于幸运草是这样说的：幸运草，又名四叶草，学名苜蓿草，是一种多年生草本植物，一般只有三片小叶子，呈心形。在十万株苜蓿草中，你可能只会发现一株是四叶的，几率大约是十万分之一，因此四叶草是国际公认的幸运象征。

"十万分之一！"教授一边合上厚厚的百科全书，一边暗自感叹，"真的只有幸运的人才能找到啊！"

受到幸运草的启发以后，不论在生活还是工作中，教授一旦碰到什么烦心事，或者心情特别好的时候，他都会让自己的心情尽量平静下来。所以人们经常看到这位教授跑到楼下的花园里去寻找幸运草，可是，十万分之一的概率实在是太低，他从来没有找到过，但是在寻寻觅觅之后，生活中的大喜大悲也就慢慢被淡化了。

在一个星期天的下午，阳光普照大地，微风和煦，教授陪着自己的女儿来到离家很近的公园游玩，看到一颗大树下长着一大片"苜蓿草"。为了让女儿开心，教授就对自己的女儿说："我们来找一找，看看这片草丛里有没有三片叶子的幸运草？如果能找到，你就很幸运。"

女儿一下子高兴了起来，兴奋地回答到："好啊！"女儿十分认真地跪在地上，用小手扒开叶子，聚精会神地寻找着。教授心想，幸运草本来应该是四片叶子的，我却对女儿说是三片叶子，一会儿她发现好多三片叶子的幸运草，一定会很高兴。可是女儿独自在草丛里寻觅了半天，最后失望地对教授说："爸爸，三片叶子的幸运草实在是太难找了，这里的草都只有四片叶子，我怎么也找不到三片叶子的幸运草啊。"

听女儿如此说，教授赶紧来的草地上仔细观察，发现这里的苜蓿草果然都是长着四个叶子。此时，教授不禁在一旁陷入了沉思：为什么在到处是三叶草的地方，我们要找到四叶草才算幸运，而在到处是四叶草的地方，我们又下意识地把三叶草叫做幸运草？此时我和女儿所拥有的，不正是那些寻找幸运草的人们梦寐以求的吗？看来在人们潜意识里，总是把幸运定义为几乎不可能得到的东西，这恰恰是人们感到不幸的原

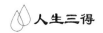

因啊。

【人生感悟】

有时，我们会错误地认为，得不到的，才是珍贵的；已经拥有的，都是廉价的。似乎每个人都在诉说着自己的不幸，而幸福就像皮球一样被人们踢来踢去，不幸像奖杯一样不可撒手。但是，人生中真正的幸福，往往就在自己的眼前。我们无法看到，是应为我们还没有清名利不过是身外之物，也没用学会珍惜眼前的幸福。

生活中，我们往往将精力放在追逐物质生活的富足，为了工作而错过了父母的生日，为了加班而忘记了结婚纪念日，为了陪客户而没时间陪儿女。正是因为不懂得审视自己的内心，我们才每每与幸福擦肩而过。只有懂得珍惜眼前幸福的人，才能够不为别人而活，因此心中没有苦恼与恐惧。生活本就是一种愿望，生活的本质不是你需要什么就有什么，幸福就是你所拥有的。蓦然回首，其实，在我们身边每人都有一株"幸运草"。

3. 四个青年的还贷路

丰子恺先生曾经把人生比喻成一栋三层的楼房：

一层是物质生活，我们的衣食住行。住在这一层的人，懒得走楼梯。他们可以把自己的物质生活料理得很好：衣食无忧，子孝孙贤，享尽人生的尊荣富贵，也就满足了。这里住着大多数的人类。

二层是精神生活，追求学术文艺。这一层的人，有力气也有激情。他们或是在二楼长住，或是偶尔上三楼来坐坐，追求艺术的境界和心灵的纯净。这种人在人类中算是难得，但也不在少数。

三层是灵魂生活，探究人生真正的目的。这一层的人必须有很好的体力和毅力，他们对于二楼的环境还不满足，认为满足了物质和精神的需求还不够，还要探求人生真正的目的。在他们看来，功名富贵不过是身外之物，学术文艺也只是暂时的美景，这种人在人类中是极少、极珍贵的一部分了。

为了更好地说明这个问题，他讲述了这样一个故事：

从前，有四个青年到银行贷款，他们都是刚满 20 岁。银行最终答应借给他们每人一笔钱，同时要求他们必须在 50 年内还本付息。四个年轻人拿到了自己的贷款，开始了各自的人生。

第一个青年首先用了 25 年来娱乐，45 岁的时候感到还款的压力，又用了 25 年努力工作。结果他在自己 70 岁时仍一事无成，负债累累。他的名字叫做"懒惰"。

第二个青年刚好相反，他拿到贷款之后就开始拼命工作，45 岁时就还清了所有的欠款，结果因为过于努力，他病倒之后就再也没有起来享受自己剩下的 25 年人生。他的名字叫"狂热"。

第三个青年并没有偷懒，也没用拼命，而是每天干着自己手上的工作，用了 50 年还清了银行的贷款，在 70 岁时离开了这个世界。人们回忆他的一生，除了还款之外，似乎也并没有做什么别的事情。他的名字叫做"执着"。

第四个青年也踏实工作，但思路开阔，用了 40 年时间还完了所有的债务。在 60 岁时，他成了一个旅行家。用生命中的最后十年，游历了地球上的所有国家。在 70 岁结束生命的时候，他微笑着结束了自己最后的旅行。他的名字叫做"从容"。

而当年贷款给四个年轻人的那家银行叫做"生命银行"，它所放出的那笔贷款就叫做"生命"。

【人生感悟】

如果我们用懒惰的态度面对人生，终将一事无成；如果我们用狂热的态度面对人生，只会半途而废；如果我们用执着的态度面对人生，很可能碌碌无为；唯有学会用从容的态度面对人生，我们才能真正地享受生命。

然而，我们经常听见有人抱怨自己没办法选择从容：没时间吃早饭，没时间陪家人，没时间锻炼身体，没时间给心灵充电。其实，这些人不是真的没有时间，而是没有理清自己的生活，不知道如何从容应对人生。最后，他们把工作带进了生活，让压力压垮了心灵。面对人生的种种压力，我们只要选择从容的态度来面对，那么不论工作多繁重，都可以享受生活中的阳光；不论压力多巨大，都可以感受人生的清风。

4. 换个角度看生活

从前有一位非常聪明的宰相，上至王公大臣，下至贩夫走卒都非常喜欢他，因为他总是能够帮助别人解决生活中的难题。有一次，这位宰相听说有一位老妇人每天都唉声叹气的，每天都在烦恼，于是就去问这位妇人为何每天都心情极其沮丧。老妇人回答说："我有两个女儿，大女儿嫁给了一个开洗衣作坊的人，二女儿嫁给卖雨伞的。到天气下雨的时候我就为我开洗衣坊的女儿担心，担心她的衣服晾不干；到晴天的时候我担心我那卖雨伞的女儿，怕她的雨伞卖不出去。"

宰相闻言，对她说道："您是在自寻烦恼。其实您的福气很好，下雨天，您二女儿家顾客盈门；天晴时，你大女儿家生意兴隆，对于您来说哪一天都有好消息呀！您没必要天天烦恼呀！"老太太听了这样的话，心里便轻松了很多，从此每天都眉开眼笑。

还有一次，国王梦见自己的国家山倒了，水枯了，花谢了，不仅被惊吓而醒。于是马上把这个梦告诉了身边的王后，并让王后帮他解梦。

王后沉吟片刻，说："从梦中来看恐怕要大势不好。山倒了暗喻国王您的江山要倒；君是舟，民是水，水枯了，舟也不能行了，所以水枯了恐怕是指民众离心；花谢了自然是好景不长的意思。"

古时的人都很相信征兆，而这位国王尤其迷信。被这个奇怪的梦惊醒之后，他本来心中不安，听了王后的解释又惊出一身冷汗，从此身患重病，不能主持国家的政事了。

宰相听说了宫里的情况，连夜要求参见国王，国王只得在病榻上接见了他。

"国王陛下，听说您龙体欠安，不只是什么原因，所以我特意来看望您。"宰相见到国王后很有礼貌问候道。

于是国王就说出了他的心事，把自己的噩梦和王后的解释都一一道来。哪知宰相听后非但不替国王担忧，反而哈哈大笑起来。

"我的江山不保了，你怎么这样高兴，难道你要造反吗?"国王又气又恼。

宰相不慌不忙地回答说："恭喜陛下，贺喜陛下！这是一个大大的好梦啊。"

国王被他弄得一头雾水，就问："这怎么会是好梦呢？你快快到来。"

于是大臣解释说："您梦见山倒了，是指从此天下太平；水枯了，是指真龙现身，国王您是真龙天子；花谢了更是好兆头，因为花谢然后结果呀！"

国王听罢，全身轻松，大大赏赐了这位宰相，很快国王的病也痊愈了。

【人生感悟】

一个梦境，总是会有不同的解释。就像一枚硬币，总是有两面同时存在。烦恼的人只会看见不如意的世界，身体和心灵都得不到解脱。只有懂得放下的人，才能够全面地看待事情，进入到解脱与喜乐的境界。

其实，人生在世，得失常在，烦恼和喜乐都是自己的内心所决定的。境由心生，说的就是这个道理。就像苏东坡在与佛印在一起打坐时忽然问佛印道："你看我坐在这里打坐像什么？"佛印回答说："我看你像尊佛。"苏东坡接着问佛印："你可知道我看你坐在那儿像什么？我看你像一摊牛粪。"后来，苏东坡回家就把白天的事情告诉给苏小妹听，苏小妹对哥哥说："佛家讲见心见性。佛印说看你像尊佛，那说明他心中有尊佛；你说佛印像牛粪，想想你心里有什么吧！"由此可见，外界的一切境况，皆是我们自己内心的反映。如果内心烦恼，那么，看世界上的一切都是痛苦的。如果内心没有烦恼，那么，看世上的一切都充满了喜乐。在生活中，我们应该学会随时保持平和的心态，自己获得喜乐的同时，把乐观带给别人，这也是一种行善布施。

5. 90％的烦恼不会发生

1943年夏季，一位叫做布莱克·伍德的美国作者曾经写道：在过去的四十年人生里，我的生活一直很顺利。偶尔有些插曲，也是些夫妻间，以及生意上的小烦恼，我也都能从容应付。可是，最近，突然之间，意外接二连三地向我袭来，我的人生陷入了一片黑暗，这些问题让我辗转反侧。我甚至觉得，世界大多数的烦恼都降临到我的头上。

接下来，布莱克·伍德就逐条列出了自己的烦恼：

第一，我办的商业学校，正面临着严重的财务危机。因为战争的爆发，几乎所有男孩都入伍作战去了，而很多不学无术的女孩，都选择了武器工厂的工作。她们在那领的工资，比我们学校毕业生的薪水还高。

第二，我的长子现在也在军中服役，由于不知道战争的结果如何，我们也像所有的父母一样，对自己的儿子非常牵挂。

第三，我们很可能居无定所。由于俄克拉河马市长在征收土地，建造机场，而我的房子刚好位于机场所在地，所以我们的房子被征收了。但是，我们能得到的赔偿金，只有市价的十分之一；更可怕的是，现在市内的房屋也已经供不应求，我很担心能否找到一个合适的房子，来遮蔽我们一家六口。

第四，由于我们家的附近正在挖一条运河，结果我们家农场里的水井干枯了。重新挖井需要再花五百美元的巨款，我们现在已经经济困难。而且，就算是我们筹到钱重新挖井，也等于把钱丢到水里：因为这片土地已被俄克拉河马市长征收了。所以，现在每天早晨，我都不得不运水去喂牲口，这搞得我疲惫不堪，而且我怀疑自己后半辈子都得这么累了。

第五，由于我住在离商业学校十公里远的地方，所以每天要开车上下班。可是由于战时的特殊规定，我们不能买新轮胎。所以，我担心我开的那辆老爷车，随时可能会在前不着村后不着店的荒郊野外抛锚，到时候真不知道我该如何是好。

第六，我的大女儿已经提前一年高中毕业了，而她也下定决心要继续读大学。这本来应该是个好消息，可是我却筹不出这笔学费，又不敢告诉她实情，因为我担心她会因此而心碎的。

就这样，布莱克·伍德先生写下了自己全部的担心，仿佛这样就可以减轻他的痛苦一般。而几个月过去之后，他几乎忘了自己当时所写的一切。直到一年半以后，有一天整理东西时，布莱克·伍德先生又看到了自己当年所写的问题。他一面看一面觉得很有趣：因为他现在知道，在自己所担心的六大问题中，其中没有一项真正发生过。这六大烦恼的最终结果如下：

第一，担心学校办不下去的烦恼，最终因为政府开始拨款训练退役的军人，而变得毫无意义。因为，布莱克·伍德先生的学校很快就招收了大批退伍军人，结果人满为患了。

第二，担心从军的儿子安危的烦恼，最终也得到了解决。因为他的儿子不仅毫发无损地回来了，而且还获得了上级的嘉奖。

第三，担心自己家土地被征收去建机场的烦恼，最终因为在他家附近发现了油田，而停止了征收。而且，布莱克·伍德先生明白，自己的土地不可能再被征收了。

第四，担心没水喂牲口的烦恼也得到了解决，因为土地不再被征收，所以花钱挖一口新水井也就不算浪费，所以新水井解决了农场的新水源。

第五，担心车子在半路上抛锚的烦恼，由于布莱克·伍德先生对车子的小心保养修护，也变成了多余。虽然这是一辆老爷车，但是最终还是坚持了下来。

第六，担心大女儿没有钱读大学的烦恼，也在大学开学前得到了解决。因为，当时有人提供给布莱克·伍德先生一份稽查的工作，这使得他可以用课后的时间去做兼职，为自己的长女赚出了大学的学费。

最后，布莱克·伍德写道："我以总听人们谈论说，人生中有90%的烦恼是不会发生的，对此我一直不太相信。但是，看到这张多年前的烦恼清单，我不得不完全信服了。所以，虽然我白白地为这些烦恼而担忧了许久，但是我还是觉得这些是值得的。因为，我毕竟从中学到一个永生难忘的经验，那就是：为了根本不会发生的烦恼而饱受煎熬，这是一件非常不值得而又愚蠢的事情。"

【人生感悟】

当我们为了人生中的一些未知事件而惴惴不安的时候，也就是我们自己把自己推入死胡同的时候。其实人生的路上本来是一片坦途，但是我们那些不必要的担心往往为我们增添了许多障碍。

有人说，滚滚尘世，烦恼不少。其实，烦恼的根源在于你能否驾驭自己的内心。快乐和痛苦都是内心的状态，当你的内心保持平静的时候，就会体味到一种安定。心态平和的人，不管所处的环境是什么样都能保持愉悦的心情。相反，心情躁动的人，不论所处的环境多么宁静，也总会觉得内心充满了不安。要想重新找回生命的安宁，就要学会放弃自己那些多余的烦恼，因为在我们的一生中，有90%的烦恼是根本不会发生的。

6. 成为总统的农民

这个故事的主人公出生在苏联的一个农民家庭里，当时正是20世纪30年代初期，苏联政局开始不稳。因为家庭贫困，男孩一出生就开始了他艰辛的童年生活。男孩的全家有 6 口人，而他们所拥有的只是一间破旧的小屋和一头奶牛。家徒四壁、身无长物可以说是这个家庭的现实写照。

很快男孩到了上学的年纪，他学习刻苦认真，所以成绩非常优异。同时，他还很有领导天赋，同学们都非常喜欢和拥护他。

但是世界上的事情总是有正有负，有些老师一直把他当成一个坏孩子，甚至有好几次要求校长开除这个男孩。原因很简单：这个男孩经常给老师"找麻烦"。当男孩或者班里的其他同学受到老师的不公正批评时，他总是会提出自己的意见，而且在发表意见时常常讲得入情入理，这让那些当惯了权威的老师们十分尴尬。

最不可思议的是，在学校举行毕业典礼的当天，这个男孩竟然走到台上对主持人说，希望给自己一个发言的机会。主持人答应了男孩要发言的请求，于是男孩在台上开始了自己的发言。他先是对那些在生活和学习上关心、帮助过自己的老师表示感谢，然后表达了自己对于同学们的情谊。正在大家觉得气氛一片祥和的时候，男孩忽然话锋一转，开始评论起自己的班主任老师来。当然并不是一些小孩子的牢骚和恶作剧，而是一些很尖锐的意见。他指出，班主任老师的教育方式存在问题，使很多学生无法适应，并且说得条分缕析，有理有据，班主任在台下气得直发抖，脸上红一阵紫一阵。

男孩也很快为自己的耿直付出了代价，当他去学校领取毕业证时，只得到了学校发给他的一张肄业证书。这对男孩来说是非常不公平的，他已经通过了学校的毕业考试，并且取得了优异的考试成绩。男孩觉得自己完全有资格拿到毕业证书，于是，他开始维护自己的正当权利，向学校和教育部表达了自己意见。

经过男孩的来回奔走和其他人的帮助，主管教育的机构最终成立了一个工作委员会，负责调查男孩班主任的教学行为。最终，男孩取得了胜利，拿到了那张本该属于自己的毕业证书。

后来，这个男孩长大成人，进入了政界。他一直勇敢地表达自己内心的想法，从不自卑。在那些和大家的利益息息相关的利问题上，从不退步。直到多年之后，苏联处在解体的危机之中时，他并没有因为自己是一个普通农民的儿子而退缩，而是勇敢地挺身而出，成了那个时代的风云人物。

或许你已经猜到了，这个男孩就是俄罗斯的第一任总统叶利钦。从政之后，他一直保持着自己直言不讳的风格，并且从未因自己出身贫贱而感到自卑。

【人生感悟】

生活中，在别人面前，我们常常感到自卑。在商人面前，我们自卑于自己的贫穷；在学者面前，我们自卑于自己的无知；在模特面前，我们自卑于自己的丑陋；在明星面前，我们自卑于自己的黯淡。其实，能够看到自己的不足是一件好事，但是，我们只需要发奋努力就够了，千万不要自卑。

所以，自卑的心理无异于给自己的内心上锁：自卑使人不爱与人交际，同时也没信心和精力去自我提升。紧锁的心门，不仅让别人无法靠近，也使自己不能看清自己的真正实力。自卑的表现也许是沉默寡言，也许是高声炫耀。沉默寡言的人，躲在阴暗的一角；高声炫耀的人追求金钱和地位。但是，无论逃避还是盲目地追求，都无法让人们走出自卑，因为这种负面情绪来自人们的内心深处。

叶利钦的家境贫寒，并没有让他感到自卑，反而成为他在人生道路上获得成功的基石，最终成就了他不畏强权的性格和传奇的人生。"卑怯的人叹息、沉吟，而勇者却向着光明抬起他们纯洁的眼睛。"这是歌德的诗句。叶利钦正是这样的勇敢者，而我们也不需要做卑怯的人。

生活中，相貌、家境等因素，不是我们所能选择的，我们完全没有必要为此而自卑。相反，对于这些不如意，我们可以选择以勇气去改变它们。只有放下自卑，我们才能从偏见的小天地里解脱出来；只有打开心门，我们才能自如地与人沟通，听到不同的声音，看到世界的真相。

7. "雀巢"创始人

接下来的故事发生在 1814 年，故事的主人公出生在德国法兰克福的一个富豪家庭，我们的主人公在那里度过了自己无忧无虑的少年时代。

但是月有阴晴圆缺，人有旦夕祸福，因为二战爆发，加上政治迫害，我们的主人公不得不和他的家族一起逃往瑞士。正如中国那句老话：由俭入奢易，由奢入俭难，家道中落使他的脾气变得十分暴躁。

有一天，我们的主人公路过一块土地，由于经过一次洪水的侵袭，地里一片狼藉，长势良好的庄稼被无情地毁坏，惨不忍睹。眼前的景象让他不由联想到自己的命，开始在心里对上帝抱怨。

忽然，一个辛勤劳作的农民闯入了他的视线，引起了他很大的好奇。他心想：庄稼已经成了这样了，他还在忙什么呢？仔细观察之下，发现那个农民正在补种庄稼，而且干得非常卖力，脸上看不到一点沮丧的神情。

"这么好的庄稼就这样被洪水毁掉了，你难道一点也不生气吗？"他向农民问道。

"抱怨如果有用的话，我会考虑的，但是显然它不起一点效果。而且那样只会使事情变得更糟糕，不努力工作，我们全家都要饿肚子了。"农民幽默地说道："年轻人，你知道吗？其实这一切都是上帝的安排，不要以为洪水只是毁坏了我的庄稼，其实是上帝让洪水给这片土地带来了丰富的养料，你看吧，今年一定是个少有的丰收年。"说完，农民快乐地大笑起来。

少年呆立在那里，农民的话给他上了人生中的最重要一课：抱怨不仅对于事实无补，而且还会使事情变得更糟。他对农民深深地鞠了一躬，感谢他的教诲，因为此时积攒在他心中多年的抱怨与不快都随着农民的笑声而烟消云散了。

后来，我们的主人公通过努力，成了一名药剂师助手。那时，由于市场上没有合适的奶制品，婴儿的死亡率很高。于是这个不再抱怨的年轻人开始研究可以减少婴儿死亡的奶制品。

1867 年，我们的主人公成立了自己的食品公司，公司的主要产品是他研制的一种将牛奶与麦粉混合而成的婴儿奶粉。正是这一产品，挽救了无数因营养不良而濒临死亡的婴儿生命，这家公司也从此开创了自己辉煌的百年历程。

对了，故事讲到现在，我们还不知道主人公的姓名。他叫做亨利·内斯特莱，而他所创立的公司叫"雀巢"。

【人生感悟】

我们常常觉得这个世界不公平，抱怨自己为什么不生在一个富裕的家庭，抱怨上天为什么不给自己足够美丽的容颜，抱怨自己为什么没有理想的姻缘，抱怨上天为什么给自己安排了那么多困难。正是这些抱怨，让我们看不见这个世界的美好。更糟糕的是，这些抱怨常常给我们带来更多的麻烦。因为，内心经常觉得世界不公平的人，一则易怒，一则多怨。怒则伤人，怨则伤己。

生活中，每个人都会遇到大大小小的挫折，把挫折变成财富的办法就是放下抱怨，学会转身拥抱身后的世界。虽然，生活中不如意事十之八九，但是生活不会容不下任何人。只要我们放下抱怨，开阔心胸，那么这个世界就会展现出它美好的一面。雀巢咖啡的创始人，亨利·内斯特莱也曾经在抱怨中迷失自己，但他终于学会转身拥抱自己身后的世界，走出了内心的阴霾，获得了美好的人生。

所以，当我们觉得事情不顺心，想要抱怨的时候，不妨停下来看看自己身后的世界，换一种眼光，想想我们的未来。那么，我们会发现这个世界是如此美好，一切是那么的平和、坦然。

8.　为什么有缺口

曾经有一位成功的企业家，在退休之后，便四处讲学，把自己的成功经验传授给更多的年轻人。

一次，有一个渴望成功的年轻人向这位企业家请教："您所获得的成功，正是我此生的追求，我一直把您视为偶像。不知道您能否告诉我，在成功的路上，最重要的是什么？"

企业家看了看这个满怀壮志的年轻人，没有直接回答他的问题，而是随手在纸上画了一个有缺口的圆。

年轻人在心里猜测着企业家的寓意，但是百思不得其解，于是只好问道："这是什么？"

企业家反问道："你觉得它是什么呢？"

年轻人喃喃地说："像零、像圆、像成功，可是又有一个缺口，难道是您没有完成的事业吗？"

企业家笑道："你很聪明，但是没有说对问题的答案。让我来给你讲一个故事吧！"

接着，企业家讲述了下面的故事：

从前有两个水桶，每天陪伴着农夫挑水。这两个水桶并不完全一样，其中一个是完好无损的，而另一个水桶则有一条细细的裂缝。所以，农夫每次从山里把两个水桶挑回家中，都只剩下一桶半的水。因为那个完好无缺的水桶可以保存满满的一桶水，而那个有裂缝的水桶到家时就只剩下了半桶水。

有一天，完好无缺的水桶对自己的表现很自豪，就奚落有裂缝的水桶说："朋友，我们两个陪伴主人这么久了，每次你都只能保存半桶水，真是丢人啊！"

有裂缝的水桶听了，感到非常愧疚，它一言不发，为自己只能负起一半的责任，感到非常难过。

农夫听见了两个水桶的谈话，就悄悄地对那只有裂缝的水桶说，明天挑水时，希望你注意我们的脚下。

第二天，两个水桶又陪主人去挑水，回来的路上，有裂缝的水桶看见路旁盛开着缤纷的野花，觉得十分美丽，内心的悲伤也就缓解了许多。但是，当走回家的时候，它又开始难过了，因为又有一半的水洒在了路上。

有裂缝的水桶向农夫道歉，说自己没有完成自己的使命。

农夫却笑着说："你不必道歉，我还要谢谢你呢。"

有裂缝的水桶更加不明白了，农夫解释道："你有没有注意到，我们回来的路上，只有你的那一边开满了野花，而完好无缺的水桶那边却一朵花也没有？"

有裂缝的水桶想起刚才经过的山路，的确是农夫所说的那样。但是他还是不明白这和自己有什么关系。

农夫笑着说："正是因为你有一条裂缝，所以每次我从溪边挑水过来，你都用自己桶里一半的水浇灌了这些野花，所以它们才会开得那么灿烂。而这些美丽的野花，也装饰了我的餐桌，让我的妻子每天不出家门也能够闻到大自然的气息。所以我要好好谢谢你呀。"

有裂缝的水桶听了农夫的话，再也不难过了，因为它知道，自己的裂缝成就了很大的功劳。

讲完故事之后，企业家语重心长地告诉年轻人："其实，我所画的只是一个未画完整的句号。你想知道我为什么会成功，其实道理很简单，就是我从来不会把事情做得很圆满。就像画个句号，一定要留个缺口，好让其他人去填满它。"

【人生感悟】

完美的背后总有考虑不到的隐患，倒不如留下空白，给别人无限的创造空间。就像事必躬亲的领导，难免因为精力有限而出现一时疏忽，倒不如给别人留些空白，让他们放手去干。追求完美的人，难免把身边的人逼入性格叛逆的死角，倒不如给对方留些空白，让他们展示自己的精彩。

所以，人生中不但要追求色彩，更要懂得适当地留出空白。正是这些空白，创造了生命中的奇迹和生活中的惊喜，就像一个水桶的裂缝让它每次都会洒掉半桶水，却同样是这条裂缝浇灌了芬芳的野花。如果事事求全，不懂得留白，那么固然可以得到满满的一桶水，却失去了餐桌上的一道美丽的风景。

其实，人生的风风雨雨过后，回首来时路，只剩下一片过眼的云烟，又何必不肯放手留白呢？事业的成功，往往导致名利成了生命的全部；人生的失意，反而容易放下对于荣华富贵的执著。由此可见，凡事追求圆满，势必导致人生的倾斜；处处懂得留白，才能获得惊喜与坦然。

9. 猎豹的狩猎技巧

在壮阔的非洲大草原上，一只成年的猎豹领着它的儿子躲在草丛中，一动不动，因为今天它要把捕捉猎物的本领交给儿子。忽然，它们发现了远处有一群羚羊正在喝水，于是两只豹子同时屏住呼吸，悄悄地向羊群接近。

一头警觉的羚羊对这对父子的接近有所察觉，拔腿便跑，而其他的羚羊也开始四散而逃。躲在一边的猎豹则像箭一般冲向羊群，开始了自己的捕猎。

成年的猎豹紧紧跟住一只未成年的羚羊，被追逐的羚羊跑得飞快，成年猎豹紧随其后，小猎豹也不甘落后地追着。在追逐猎物的过程中，成年猎豹超过了一头又一头身边的羚羊，但它丝毫没有改变自己的方向。而小猎豹看到站在旁边观望的羚羊时，马上改变了方向，开始追逐这些离它更近的猎物。

一会儿工夫，成年猎豹所追逐的那只羚羊已经跑累了，猎豹则继续坚持着奔跑，终于将自己的前爪搭上了羚羊的后腿。羚羊倒下了，成年的猎豹捕获了自己的猎物。而小猎豹则拖着疲惫的身体，回到了父亲身边，它一无所获。

成年猎豹安慰自己的儿子说："第一次猎食，你已经表现得很出色了。"

儿子却疑惑地问："爸爸，刚才在你猎食的过程中，明明有更近的羚羊，你为什么不改追它们呢？那些羚羊应该更容易抓到啊！"

成年猎豹很严肃地对儿子说道："这正是你今天需要学会的道理。我之所以只追这只羊，是因为它已经很累了，而别的羊还不累。如果我像你一样改变目标，那么其他羊一旦起跑，一瞬间就会把我们甩在后边了，最终我们两个都得饿肚子。"

豹子在捕猎的过程中，只有坚持不断地追逐一个猎物，才能最终把它捕获；如果三心二意，见异思迁，那么只能白忙一场，空手而归。人生又何尝不是这个道理，没有哪件事可以侥幸，所有的成功都需要坚持的精神。

【人生感悟】

在生活的路上要想获得成功，实在没有什么捷径可走，甚至是阻碍重重。能够走到最后的人，一定是懂得坚持的人；与成功无缘的，当然是半途而废者。所以，每当有些聪明的孩子想要讨得成功的秘诀时，都应告诉他们：成功唯一的捷径就是坚持。

"坚持"这两个字，看似简单，其中却包含了丰富的内容。要做到坚持，首先就要放下浮躁，不可投机取巧，不可三心二意，不可心怀不轨，不可见异思迁。投机取巧者必倾覆于技巧之下，三心二意者必终生一事无成，心怀不轨者难逃人心天理，见异思迁者难免悔恨终身。而能够成就大事，并保持成功的人，一定是戒骄戒躁的坚持者。

10.　创造奇迹的方法

时间到了六月间，最是酷暑难当。一个师父领着一个徒弟在外旅行，走了很远的路，师徒二人都觉得口渴难耐。

师父擦了擦额头上的汗珠，眯眼看看头上的太阳，对徒弟说道："这条路的前边有一条小河，你快去取些水来，我们解解渴再继续赶路。"

徒弟一听师父吩咐，赶紧去出背包里的水壶，快步跑到了小河边。可是，出现在徒弟眼前的不是清澈见底的河水，而是一条浑浊的河水。因为天气炎热，过路的人都来这里取水，有的人还干脆跳的河里解暑，所以河水被弄得十分污浊。

无奈的徒弟只好提着空水壶回到师父的身边，他满脸失望地告诉师父说："那边的河水已经变得浑浊不堪了，根本没办法解渴。咱们还是继续赶路，再找另外的河水解暑吧。"

师父抬头看了看天上的太阳，阳光依旧酷热难耐。于是，师父对徒弟说："现在的天气根本没办法赶路，我们上午就走到这里生火做饭吧。你还去那条河里取些水，我们吃了饭再赶路。"

徒弟心想，河水那么脏，根本没办法做饭。可是又不能违抗师父的意思，所以只好提着水壶，再次来到河边。结果跟徒弟想的一样，河水依然污浊不堪，根本无法饮用和做饭。可是，徒弟又不敢空手回去，便用水壶装了一壶浑浊的河水回去。

师父看了壶里污浊的泥水，对徒弟说："现在我们就在这里等着奇迹的出现吧。"

徒弟觉得师父一定是被热糊涂了，小声说道："师父，不如我去找找其他地方，也许会有清澈的水源。"

师父说："不用了。现在天气这么热，大家都在找水，另外的水源恐怕也被弄得浑浊不堪了。你一个人出去，万一在路上中了暑，晕倒了怎么办。只有等在这里，等着奇迹的出现，这才是最明智、最方便的办法。"

徒弟完全听不懂师父的意思，再加上天气炎热，内心变得烦躁起来。看看一旁闭目养神的师傅，又不好说什么，只好耐着性子等待。

过来一会儿工夫，师父对土地说："差不多了，你看看那壶里的水变干净了没有。"

徒弟心想，原来这就是师父所说的奇迹，等着浑浊的河水会自己变干净，简直是痴人说梦。可是，当徒弟打开壶盖时，看到一壶清澈明亮的净水，刚才的污水已经变得一尘不染，纯净之至了。面对眼前的情景，徒弟又惊又喜，连忙倒了一些出来给师父解渴，剩下的用来淘米做饭。

当师徒二人在树荫下吃着香喷喷的米饭时，徒弟忍不住好奇问师父："师父，您怎么知道壶里的水会自己变清澈呢？"

师父笑笑，回答说："天下的事情，没有什么东西是永恒不变的。只要我们有耐心等待事物本身的变化，那么，什么奇迹都有可能发生。所以，当我们遇到烦恼时，没有必要让烦恼长久地停留在心里，放下烦躁，拿出耐心来就可以创造奇迹了。"

【人生感悟】

我们常常希望在短短的一生中创造奇迹，但是又常常在平凡的等待中失去了耐心。大多数人，最终只能在烦躁和悔恨中了此一生。

其实，就像自然界的法则一样：果实的成熟需要等待鲜花的谢去，树木的成材需要等待年轮的拓宽。人生的道理也是如此：一切奇迹的产生都离不开耐心的等待。

人生中，我们往往不明白这个简单的道理：一面急于成长，一面又哀叹自己逝去的青春；一面拼命工作，一面又努力用金钱换取健康；一面为梦想而烦躁，为未来而焦虑，一面又错失了眼前的美景和当下的幸福。当我们活着时，总是不耐烦地担心将来，好像自己从来不会死亡；当我们临死时，才开始为自己当初没有耐心而懊恼，后悔自己当初浪费了生命。

11. 谁是最优秀的人

古希腊的一位大哲学家在临终前有一个不小的遗憾——他多年的得力助手，居然在半年多的时间里没能给他寻找到一个最优秀的关门弟子。

事情是这样的：哲学家在风烛残年之际，知道自己时日不多了，就想考验和点化一下他的那位平时看来很不错的助手。他把助手叫到床前说："我的蜡所剩不多了，得找另一根蜡接着点下去，你明白我的意思吗？"

"明白，"那位助手赶忙说，"您的思想光辉是得很好地传承下去。"

"可是，"哲学家慢悠悠地说："我需要一位最优秀的承传者，他不但要有相当的智慧，还必须有充分的信心和非凡的勇气……这样的人选直到目前我还未见到，你帮我寻找和发掘一位好吗？""好的、好的。"助手很温顺很尊重地说："我一定竭尽全力地去寻找，以不辜负您的栽培和信任。"哲学家笑了笑，没再说什么。

那位忠诚而勤奋的助手，不辞辛劳地通过各种渠道开始四处寻找了，可他领来一位又一位，总被哲学家一一婉言谢绝了。有一次，当那位助手再次无功而返地回到哲学家病床前时，病入膏肓的哲学家硬撑着坐起来，抚着那位助手的肩膀说："真是辛苦你了，不过，你找来的那些人，其实还不如你……"

"我一定加倍努力，"助手言辞恳切地说，"找遍城乡各地、找遍五湖四海，我也要把最优秀的人选挖掘出来、举荐给您。"哲学家笑笑，不再说话。

半年之后，哲学家眼看就要告别人世，最优秀的人选还是没有眉目。助手非常惭愧，泪流满面地坐在病床边，语气沉重地说："我真对不起您，令您失望了！""失望的是我，对不起的却是你自己。"哲学家说到这里，很失意地闭上眼睛，停顿了许久，才又不无哀怨地说，"本来，最优秀的就是你自己，只是你不敢相信自己，才把自己给忽略、给耽误、给丢失了。其实，每个人都是最优秀的，差别就在于如何认识自己、如何发掘和重用自己……"话没说完，一代哲人就永远离开了他曾经深切关注着的这个世界。

为了不重蹈那位助手的覆辙，每个向往成功、不甘沉沦者，都应该牢记先哲的这句至理名言："最优秀的就是你自己！"

【人生感悟】

生活中，我们觉得自己不够优秀、比别人差，是因为我们心中缺少"自信"，这让我们的人生黯然失色，更让我们常常自惭形秽。其实，正如苏格拉底所说的，每个人都是优秀的，差别就在于如何去认识自己、如何发掘和重用自己。可是，生活中，多数人都常常看不见自己的力量，因为一时的困难、气馁，便自轻自贱，便轻易放弃。为自己的心灵种一颗"自信树"吧，让它在心中生根发芽的时候，最大限度地发挥自己的优势，也让我们在消沉的时候，重新振作，重塑强大而优秀的自己。

12. 一杯牛奶的价值

从前，有一个家境贫寒的小男孩，为了攒够学费他只好自力更生，挨家挨户地推销商品。但是，一整天的辛苦并没有换来任何的成果，当他感到腹中饥饿时，摸遍自己的全身，却发现只有一角钱。可怜的男孩饥饿难忍，于是决定向下一户人家讨点剩饭吃。

男孩鼓起勇气来到一家干净的房子面前，虽然这间房子并不十分豪华宽敞，但是院子里种满了花草，收拾得十分整洁。男孩轻轻敲了几下门，没有人回应。当男孩准备转身离去时，门后出现了一个漂亮的小姑娘。小男孩有点不知所措，他支吾半天，说自己只是想要一口水喝。小姑娘看他那十分饥饿的样子，就拿了一大杯牛奶给他。男孩喝完牛奶，不好意思地问："我应该付您多少钱？"

小姑娘笑着回答："你一分钱也不用付，因为妈妈说过，施以爱心，应不图回报。"

男孩说："那么，就请接受我由衷的感谢吧！"说罢，他向小姑娘深深地鞠了一躬，转身离开了这户人家。

时间过得很快，当年那个小姑娘很快出落成了标致的女子，不幸的是，她得了一种罕见的病，当地的医生对此束手无策。

女孩又被转到大城市医治，经过医生的艰辛努力，女孩的手术很成功，但是女孩的父母却为另一件事而愁眉不展。因为他们的经济水平，根本无法支付女儿昂贵的治疗费用。

当医药费通知单送到女孩的父母手中时，他们完全不明白上面的意思，觉得一定是医院搞错了。女孩接过通知单，只见上面写着："医药费已付，总额为一杯牛奶。"

【人生感悟】

女孩用若干年前的一杯牛奶，"支付"了若干年后昂贵的医药费；男孩则用若干年后的一笔医药费，偿还了若干年前一杯珍贵牛奶的恩情。我们无法用金钱来衡量两者的价值，因为这两个人的布施包含了等价的慈悲。

俗语说：种瓜得瓜，种豆得豆。意思是说，种什么样的"因"，就会得到什么样的"果"。如果你想吃到甜美的果子，就要给果树浇水施肥；想在工作中取得成绩，就要付出辛勤和汗水；想得到生命的慈悲，就要先学会施舍别人。所以，布施是干旱中的一场春雨，滋润人们的心田；布施是沙漠里的一泓甘泉，给人带来希望；布施是冬日里的一缕阳光，温暖人们的身心；布施是天上的北斗星，给人指明方向。当我们布施别人时，就是自己的生命里种下一颗慈悲的种子，总有一天，这种子会开出快乐的花，结出幸福的果来。

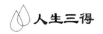

13. 生活的选择

有一天，苏格拉底的弟子柏拉图问他："老师，什么是爱情呢？"

苏格拉底指着面前的一片麦田说："我请你穿越这一片麦田，去摘一株最大最金黄的麦穗回来。但是有个规则，你只能往前走，不能走回头路，而且只能摘一次。"

于是，柏拉图照苏格拉底的话去做了，许久之后，他却空着手回来了。

苏格拉底问："你怎么空手回来呢？"

弟子柏拉图说道"当我走在田间，曾看到过几株特别大特别灿烂的麦穗，可是，我总想着前面也许会有更大更好的，于是就没有摘。但是，我继续走的时候，看到的麦穗，又总觉得还不如先前看到的好，所以……"

苏格拉底意味深长地说："这就是爱情。它只是一个行走的过程，完了，得到的只是一种回忆。"

有一天，苏格拉底的弟子柏拉图问他："老师，什么是婚姻呢？"

苏格拉底转过身，用手指着眼前的树林说："我请你穿越树林，去砍一棵最粗最结实的树回来。但是有个规则，你只能往前走，不能走回头路，而且只能砍一次。"

柏拉图照苏格拉底的话去做了，许久之后，他带了一棵并不算最高大粗壮却也不算赖的树回来。

苏格拉底问："你怎么只砍了这样一棵树呢？"

弟子柏拉图说道："当我穿越树林，看到几棵非常好的树，这次我吸取了上次摘麦穗的教训，看到这棵树还不错，就选它了。我怕我不选它，就又会错过了砍树的机会而空手而归，尽管它并不是我碰见的最棒的一棵。"

苏格拉底意味深长地说："这就是婚姻。它不一定是最好的，但却可能是最适合你的，既然选择了它，就要对它负起应有的责任！"

有一天，苏格拉底的弟子柏拉图问他："老师，什么是幸福呢？"

苏格拉底指着前面的一片田野说："我请你穿越这片田野，去采一朵最美丽的花，但是有个规则，你只能往前走，不能走回头路，而且只能采一次。"

柏拉图照苏格拉底的话去做了，许久之后，他捧着一朵还算比较美的花回来。

苏格拉底问："这就是最美丽的花吗？"

弟子柏拉图说道："当我穿越田野，我看到了这朵美丽的花，我就摘下了它。我告诉自己，要坚信手中的这朵花就是最美的。当然，我后来又看见好多很美丽的花，但我依然坚持，认定我这朵最美，不再动摇。所以，现在，我把最美丽的花带来了。"

苏格拉底意味深长地说："这就是幸福。只要用心去体会，生活中到处都有。"

有一天，苏格拉底的弟子柏拉图问他："老师，什么是艳遇呢？"

苏格拉底说："你再到树林走一次吧，去摘一支最好看的花，这次没有规则，只要最后带一支回来就可以了。"

柏拉图去做了几小时后，他带回了一支颜色艳丽但稍显枯萎的花。

苏格拉底问："这就是你反复挑选之后，带回的最好的花吗？"

弟子柏拉图回答："我找了很久，发觉这是盛开得最大最好的花，但我采下来带回来的路上，它就逐渐枯萎下来了，就像您看到的这样。我想，大概是我采下它的时候，它已经盛开到了极限，所以……"

苏格拉底说："这就是艳遇。看着很美好，实际已经枯萎了。"

有一天，苏格拉底的弟子柏拉图问他："老师，究竟什么是生活呢？"

苏格拉底说:"不如你再到树林走一次吧,去摘一支最好看的花,仍然没有规则,带一支回来就可以。"

柏拉图照苏格拉底的话去做了,过了三天三夜,他也没有回来。

苏格拉底走进树林去找他,发现他竟在树林里扎起帐篷。苏格拉底问:"你还没有找到最好看的花么?"

弟子柏拉图指着帐篷边上的一朵花说:"这就是最好看的花。"

苏格拉底问:"为什么不把它带出去呢?"

柏拉图回答:"老师,如果我把它摘下来,它马上就枯萎了。"

苏格拉底问:"你以为你不摘,它就不会枯萎了?"

柏拉图回答:"我知道,即使我不摘它,它也迟早会枯。所以,我要在它还盛开的时候,守在它边上,欣赏它最美的样子。"

苏格拉底问:"那它凋谢了呢?"

柏拉图回答:"等它凋谢的时候,我会欣然离开,去找下一朵。"

这时,苏格拉底满足地笑了:"你已经懂得生活的真谛了。"

【人生感悟】

生活其实就是一个充实饱满的过程,花儿盛开时,我们去欣赏它;花儿凋谢了,我们去寻找下一朵。生活的规律往往是,如果你想把什么事都弄个水落石出,就会毁掉你生活中最美好的东西。生活总有起风的清晨,总有暖和的午后,总有绚烂的黄昏,总有流星的夜晚,我们不必为失去的懊悔,只要把握好生活的每一个瞬间,去面对每一个昨天、今天和明天,你就会看到沿途美好的风景。

七彩的生活,七彩的人生,不需要任何调味品,只需用心灵去感受生活,品味生活,把生活的每一章诗篇,用最无憾的话语,记录下来,你就会发现生活中无限的真谛。人生中有太多的真谛让我们领悟:生活中处处是真、善、美的化身,处处充满阳光、处处充满温情、处处充满欢乐,即便是最平凡的东西,也能带来快乐。这就是生活,生活就是这样。

Part 3 快乐的法宝：
只要心中有"乐"，酸甜苦辣皆为乐

生活中，很多人总是将人生的愉悦，寄托在外界的事务上，依附于世俗的认同上，百般地看重地位、财产，以及待遇、名誉等东西，一旦失去这些，对他们来说便是沉重的打击，常会痛不欲生，其幸福和快乐也随即毁灭。其实，人生真正的快乐源于自己的内心，就是说，我们人生的一切痛苦或快乐都主要取决于自己的内心，只要你的内心有"乐"，那么，人生的酸甜苦辣皆会成为一种快乐。

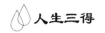

1. 快乐的处方

从前有个国王，他的国家非常富有，百姓安居乐业，边境也平安无事。按理说，这个国王应该感到很满足了，他什么都有了。

可是，他却有块心病时时悬在心头：没有儿子。没有儿子也就意味着他的国家后继无人，眼看着自己的年纪越来越大，该怎么办呢？国王很焦急，每天都虔诚地祈祷上苍赐予他一个儿子。

也许是国王的诚心感动了天地，两年后，王后怀孕了。过了 10 个月，一个胖嘟嘟的小王子诞生了。国王高兴极了，号令普天同庆，大宴宾客。

从小到大，国王一直都想方设法满足儿子的一切要求，可即使这样，小王子也总是整天眉头紧锁，郁郁寡欢。于是国王便贴出皇榜，悬赏寻找能给儿子带来快乐的高人。

有一天，一个大魔术师来到王宫，对国王说："尊敬的陛下，我有办法让王子快乐。"

国王欣喜地对他说："如果你能让王子快乐，我可以答应你的一切要求。"

魔术师说："我什么也不要，我很高兴能为您效劳。但是，请让我和王子殿下单独待一会儿。"

国王答应了。

于是，魔术师把王子带入一间密室中，用一种白色的东西在一张纸上写了些什么交给王子，让他走入一间暗室，然后燃起蜡烛，注视着纸上的一切变化，快乐的处方就会在纸上显现出来。

王子遵照魔术师的吩咐而行，当他燃起蜡烛后，在烛光的映照下，他看见那张纸上显出一行美丽的绿色字迹："每天做一件善事！"

王子按照这一处方，每天做一件好事，当他看见别人微笑着向他道谢时，他开心极了。很快，他就成了全国最快乐的人。

【人生感悟】

每天做一件力所能及的善事，让周围的人享受到你的劳动、真诚和快乐，这样就找到了一条抵达快乐的最好的路。当自己的付出在别人那里产生回响，我们的心里会产生一种被别人需要的成就感，并获得极大的满足。

快乐无法通过占有来获得，但是可以通过分享来积攒。希望每个人都不要再把自己局限在只有自己的冷漠世界里，学会了解和尊重别人的想法，试着去找出一把了解别人行为和个性的钥匙，真诚地设身处地，站在对方的立场上看事情。这样换个角度去体谅别人，不仅能改善自己的心情，更可以很轻易地成就你人生中的一个个梦想。所以，对于那些寻找快乐处方的人，请牢记：试着去了解对方的观点，更多地从别人的角度来思考事情，尽量为别人提供帮助，那么你就能够收获到人生的快乐。我们也许无法改变整个世界，但我们却能做一些小事来帮助他人。在别人感激的目光中，世界会变得更加美好。

2. 放下即快乐

一位刚刚涉世的年轻人，博学多才、满腹经纶；意气风发、踌躇满志、不辞辛劳、长年累月、跋山涉水，打算从千里迢迢的山上到海边去。在途中，他驾一叶轻舟扬帆出海，他劈恶浪、战狂风，历尽了苦难，经过长途跋涉，一年、两年、三年……还是没能够达到自己的目的地——大海的彼岸。

有一天，年轻人靠岸休息的时候，遇到了一位学识渊博的智者，他说道："智者，我是那样的执著、那样的坚强，长期的跋涉的辛苦和疲倦难不住我，各种考验也没有能吓到我。我的鞋子丢了；手也受伤了，流

血不止；脸被风霜刺痛地很痛；嗓子因为长久地呼喊而沙哑；我的双腿经过河水的侵蚀，几乎站不起来了……我已经疲惫到了极点，为什么还到不了我心中的目的地呢？"

智者听完后便没有立即回答他的问题，而是问他："你从什么地方来？"

年轻人回答："我从两千里外的高高的山上来。"

智者看到了他的船只就问道："你背上背的重重的行囊中装的都是些什么？"

年轻人说道："行囊中装的都是些极为重要的东西。箱子的最左边装的是我生活必需的生活用品；箱子的右边装的是我每一次跌倒时的痛苦，每一次受伤后的哭泣，每一次孤寂时的烦恼；每一次无助时绝望；箱子的最上面装的是我过去以来得到的所有证书、奖杯等荣誉；还有对我来说是最为重要的了，我在沿途中获得的奇珍异宝不仅价值连城，而且还很有收藏价值，靠着它们，我才能来到这儿。"

智者听完以后，微笑着问他："你那些箱子大概都有多重呢？"

年轻人则回答道："我没有仔细地称过。反正很重很重，一路上把我压得喘不过气来，但是它们对我来说是极为重要的东西，因此我都一直带着它们。"

智者笑着说："你的力气实在是太大了。你从那么远，背着如此沉重的行囊怎么能快速地到达目的地呢？只有适时放下一些，才能快速地到达目的地的啊！"

年轻人这才顿悟道：智者说的十分有理！已经过去了，生活在回忆中又有什么意义呢？每一次跌倒时的痛苦，每一次受伤后的哭泣，每一次孤寂时的烦恼，每一次无助时的绝望，只会加重心灵的负担，我不能用这些阴暗的、消极的东西来加重我的行囊，于是他就扔下了装在箱子右边的东西，这个时候他顿时感到心里像扔掉一块石头一样轻松。赶了一段路，他又想：过去的荣誉、名利都是过眼云烟。再说，以前的辉煌也并不能够说明以后啊！过去所获得的证书、奖杯等荣誉，并不能代表我以后还会拥有这些荣誉，我不能让这些虚荣来加重我的行囊，于是他就扔掉了箱子最上面的东西，又感觉身上的行囊轻松多了。他就继续赶路，走着走着，他又想：我得到了智者的至理名言不就是最好的无价之宝吗？我还要那些身外之物干什么？它们只会阻止我前进的步伐。最终，他又把千辛万苦得到的无价之宝全部丢弃了。这个时候，他发觉自己身上轻松了很多，也顿时觉得生命原本可以如此的轻松和快乐！

【人生感悟】

人心就像一个容器，装的宽容多了，仇恨自然就少了；装的理解多了，矛盾自然就少了；装的满足多了，痛苦自然就少了；装的简单多了，纠结自然就少了；装的快乐多了，郁闷自然就少了。生命好似一次长途的旅行，旅途中只有我们勇敢地舍弃那些无价值的、多余的东西，才能够让自己获得无比的轻松和快乐。生活中，你是否也在背着有形或者无形的"背包"呢？你的背上到底扛了多少无价值、不必要的包袱呢？比如，你过去的失败，你犯过的错误，你说过的错话，那些让你愤恨的人……

如果你现在感到异常的劳累，心灵感到异常的浮躁，那就赶快放下那些多余的包袱，丢弃那些多余的负担，丢掉那些过往的痛苦、烦恼或者悲伤，放下任何"不值得"背负的东西。要知道，天使之所以在空中飞翔，是因为她有双轻盈的翅膀。当给她的翅膀上系上太多的包袱后，那么，她就再也飞不远了。我们也应如此，只有及时整理、清理掉背包中沉重的东西，才能让心灵轻松前行，才能让自己的生命之旅充满幸福和快乐，才能让自己飞得更高、更远。

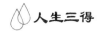

3. 容下人生的滋味

从前，有一个年轻人家庭殷实，却整日里忧心忡忡，觉得生活亏待了自己，与旁人相处也比较困难，开始有点厌世。于是他上山想得到智慧老人救助，询问智慧老人如何才能让自己快乐起来。

智慧老人听完年轻人的倾诉后，转了转念珠，道："阿弥陀佛，施主，先坐下喝杯茶吧。"

年轻人见智慧老人对自己的态度十分冷漠，火气冲天，但又不好意思把气发出来，拿起一杯茶就往自己的嘴里灌，智慧老人交代了一句"我马上回来"就离开了。不一会儿，智慧老人就带了一瓶醋回来，说道："施主，放一勺进去，再把水倒满。"

年轻人不明白所以，却仍照着智慧老人交代的照样做了。接着，智慧老人说，"再喝一杯水试试。"年轻人反驳道："我刚倒了一勺醋，这水还怎么喝啊？"

智慧老人没有说话，只是眨了眨眼睛，看着惊讶的年轻人。年轻人看着智慧老人的眼睛，最后，还是把水喝下去了，随即吐了出来，"大师，好酸！"

智慧老人又让年轻人再舀一勺同等量的茶放进茶壶里去，再倒出来，让年轻人喝喝看，年轻人喝过后，依旧皱着眉头说："还是很酸，但是比以前好多了。"

智慧老人慈祥地笑了，然后又叫年轻人加一点水进茶壶里，后再让年轻人试试看，年轻人喝过之后，说："这下好多了，虽然还是有点醋味，但是如果不细心品尝，根本就没有感觉。"

智慧老人听完年轻人的话，点了点头，问道："施主，如果还是刚才这么多的醋，如果放到江河大海，味道又如何呢？"

年轻人直接回答道："当然没有影响了，就是再多放一些醋进去，也不会有什么酸味。"

智慧老人灰心一笑，道："如此，施主就该懂了，把心放宽，宽得能容下江河湖海、苍天大地，如此就是有再大的烦恼，在施主的世界里，也不能影响分毫，施主又怎会不快乐呢？"

年轻人茅塞顿开。在以后的日子里，年轻人只要一想到智慧老人的话，遇事都劝慰自己要放宽心，果然没过多久，他又快乐起来了。

▶【人生感悟】

法国作家雨果说："世界上最宽阔的是海洋，比海洋宽阔的是天空，比天空更宽阔的是人的胸怀。"让自己的心与世界同宽，把心放宽，才能超然物外，活出另一番人生精彩；把心放宽，才能把世界拥入怀中，站在山之峰巅、云之彼端。生活中，我们所经历的一切，都是在修行，在帮助我们认识人生的真相。别人的恶语相向，是为了让我们修行自己的包容；别人的赞美夸奖，是考验我们能否放下虚荣的名誉；人生的苦难，是为了让我们修行自己的坚韧；人生的幸运，是考验我们能否放下心中的欲望。

心无私物，方寸之间皆海阔天空永无涯畔；胸怀坦荡，宛若长空旭日，烦恼则无处藏身。眼中有尘三界窄，心底无私天地宽。人活一世，心外世界的大小并不重要，重要的是我们自己的内心世界。一个胸襟宽阔的人，纵然住在一个小小的囚房里，亦能转境，把小囚房变成大千世界；一个心量狭小、不满现实的人，即使住在摩天大厦里，也会感到事事不能称心如意。

4. 心灵的漏洞

许多年前，有个求道的年轻人，为了获悉人生的道理，不辞辛劳，长年累月，跋山涉水到各地探访有道之士，寻求答案。时间一天天过去了，他也求教了很多人，但觉得自己一点收获都没有，他很失望。他左

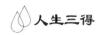

思右想，也琢磨不出到底是什么原因。

后来，他听一位私塾先生说，在距他的家乡不远的南山里，有位得道的高僧，能解答关于人生的各种疑难问题。于是，他连夜起程，沿途探询这位高僧的住处。

一日，他来到南山脚下，见一樵夫担了一担柴从山上下来，便上前询问："樵夫大哥，你可知道这南山上有位得道的高僧居住在何处？何等相貌？"

樵夫略微沉思片刻道："山上确有位得道的高僧，但不知道到底住在何处。因为他常常四处游历，随缘度化世人。至于他的相貌，有人说他佛光普照，面貌清奇；也有人说他蓬头垢面，不修边幅。没有人能说得清楚。"

谢过樵夫，年轻人抱定了决心，不顾一切地向深山里前进。后来，他又遇见了农夫、猎户、牧童、采药人等等，就是一直没有找到他心目中的那位可以指点人生迷津的高僧。

绝望之下，他回头下山，在路上遇见一位拿着破碗的乞丐，向他讨水喝。年轻人便从身上取下水袋，倒了一些水在碗里。还未等乞丐去喝，水就流光了。无奈，年轻人又倒了些水在碗里，并催促乞丐赶紧喝。可碗刚端到乞丐的嘴边，水又流光了。

"你拿个破碗怎能盛水？怎能用它来解渴？"年轻人不耐烦道。

"可怜的人，你到处请教人生的道理，表面上谦虚。但你在内心中判断别人的话是否合你的心意，你不能接纳不合你意的说法，这些成见在你的心中造成了很大的漏洞，使你永远无法得到答案。"

年轻人一听恍然大悟，连忙作揖道："大师可就是我要寻找的高僧？"连问数声无人应答，抬头再寻那乞丐，已无踪影。

心灵有漏洞吗？当然了。成见就是心灵的漏洞，嫉妒也是，猜疑、懦弱、浮躁、仇恨等等无不是心灵的漏洞，只不过每个人的心灵漏洞不同罢了。

心灵有漏洞并不可怕，可怕的是明知有漏而不去弥补，那样只会越漏越大，贻害人生。有了漏洞肯于去弥补的，心灵才显得可贵。

弥补心灵需要有良好的心态，求索的心智。多思索不合己意的语言而少冲动，多镇定而少浮躁，多宽容而少嫉妒，多仁爱而少仇恨——如此，人生才会变得更加美丽。

▶【人生感悟】

有人说，人生就像一幅画，总会有留空白的地方。人生是个大舞台，要想活得精彩，不仅要学会给生命留空白，还要淡然看待人生的得失成败。人生中，我们也许会遭遇种种悲剧，但是造成我们痛苦的真正原因，却是舍不得，放不下，看不开。舍不掉烦恼，所以得不到快乐；放不下欲望，所以总是痛苦；看不开名利，最终被名利所累。

这就是我们的人生真相，说来简单，做起来却很难。因为真正的舍得、放下、看开，不仅仅需要聪明和智慧，更需要执行的勇气、决心和毅力。有些人可以马上明白人生的真相，并很快做到舍得、放下、看开；有些人则难以割舍内心的执着，真正做到需要一段时间。

世界上不过是一种符号的又何止名字？金钱、财富、头衔等又何尝不是？然而却不知有多少人会为它欢喜为它忧。在修行的路上，没有一帆风顺，我们也不可能事事顺心。但是，只要能够不断反省自己，不断提高境界，不断放下执着。那么，人生的修行路一定会越走越宽，内心的幸福感也会随之越来越强。

5. 最贫穷的国王

有一位善生长者，一个偶然的机会，他得到了世界上最稀有、最宝贵的檀香木做的金色盒子。但善生长者并没有把这个价值连城的宝贝私

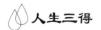

藏起来，而是到处宣扬说："我要把这宝贵的东西赠送给世间最贫穷的人。"

于是，很多贫穷的人蜂拥而至，有乞丐、残疾、孤寡等各种受苦的人，他们纷纷向善生长者讲述自己的不幸和生活的艰辛，想要证明自己就是世间最贫穷的人，以便得到这个值钱的宝贝。但善生长者对每一个前来讨宝盒的人说："你还不是世界上最贫穷的人！"

很快全国各地的穷人都来到了善生长者的住地，但善生长者一点儿也没有交出宝盒的意思。于是大家纷纷议论起来："他是没有诚心要把这个金色盒子送给别人。"

善生长者听到大家的议论就出来说道："我告诉你们，世界上最贫穷的人不是别人，他就是我们的国王，他才是世界上最贫穷的人。"

这个消息很快就传到了国王耳朵里，国王非常不高兴："哼！我是一国之君，怎么可以说我是世界上最贫穷的人呢？去，把善生长者给我抓来！"

国王把善生长者带到收藏珍宝的库房里，指着一间房子问道："你知道这是什么地方吗？"

善生长者说："这是收藏黄金的金库。"

于是国王又指着另一个房间问道："那个是什么地方呢？"

善生长者回答说："那是收藏银子的银库。"

国王满意地笑了，他又指着另一个房间问道："那是什么地方呢？"

善生长者回答说："那是珍藏珠宝的宝库。"

最后，国王大声责问道："你既然知道我有这么多的财宝，怎么可以在外面散布谣言，说我是世界上最贫穷的人呢？"

善生长者笑道："陛下，您确实有很多财宝，但是您是管理国家的国王，不是管理库房的管家，何必炫耀这些财宝呢？国家的强盛是您的家业，人民的贫富是您的衣裳，百姓的毁誉是您的脸面。您的库房堆满金银，百姓却生活在水深火热之中。您的国家有这么多乞丐、残疾、孤寡等各种受苦的人，是他们让我以为他们的国王也是一个衣衫褴褛、满脸污秽的人。"

听了善生长者的话，国王满脸惭愧地说："你说得没错！"于是他当即下令，把仓库里的财宝拿出去救济那些穷苦的人。从那以后，国王不论走到哪里都会受到人民的尊敬和爱戴。

【人生感悟】

贫穷与富有是一对相对的概念。如果要想深挖其中的内涵，我们就不能只看到事情的表面。一个人是否富有，并不在于他得到多少，拥有多少，而是看他为他人、为社会奉献多少，因为生命中最重要的不是得到，而是要懂得付出。一个懂得付出的人，才能够懂得快乐的道理。

所以说，一个坐拥整个国家宝藏的国王不一定富有，这要看他是否懂得布施自己的这些财富；而一个芒鞋破衲的长者也不一定贫穷，我们在计算财富时不能忽略了他的智慧和慈悲。要想获得并且保持物质上的富有，那么先要修行自己精神中的财富。这个世界上不缺贫穷的有钱人，却从没有过痛苦的慈悲者。

6. 一只兔子引发的悲剧

有一天，一个农夫很偶然地在树桩旁边捡到了一只折颈而死的兔子。当天晚上，农夫和妻子吃上了一顿美餐。

接下来的几天，农夫希望还有好运气，于是一有空闲就又到那个树桩旁等待。幸运的是，在一周后，农夫果然又等到了另一只撞到树桩而晕倒的兔子。

喜出望外的农夫拧着兔子赶紧跑回家，对妻子说："你看，这个冬天，我们两个人都会有一顶兔皮帽子了。"妻子乐滋滋地接过兔子，拿去

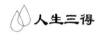

剥皮。

就在这时，过来了一个货郎，摇鼓吆喝着："上好的花布，漂亮的鞋子。"

农夫的妻子也听到了吆喝声，她放下兔子，出门观看。鲜艳的花布和精致的鞋子让她心动不已，于是当场买下了布和鞋子，计划用来搭配那顶兔皮帽子。冬天来临，农夫的妻子迫不及待地穿上新鞋、新衣，当然，还要戴上那顶早已做好的既暖和又漂亮的兔皮帽子。

村子里的女人看见农夫妻子的装束，大为眼红。没有多少工夫，农夫妻子的新衣服、新帽子就成了全村的热门话题。村里所有的女人都赶到农夫家里，他们在欣赏之余，也开始计划为自己添做新衣。

没过多久，全村女人的装束都焕然一新。

不过，他们很快又有了一个大发现：农夫妻子的胸前挂着一颗美丽的珍珠，这颗珍珠显得她的新衣服更好看了。

他们赶紧追问珍珠的来历。农夫的妻子告诉他们，一个月前，她的丈夫在河里捞起了一个蚌，蚌里有一颗珍珠。

当天晚上，这些女人们就对自己的丈夫说了这件事，并劝他们也去河里寻找珍珠，找到了，说不定就能从此过上富裕的生活呢？

虽然冬天的河面已经结上了一层厚厚的冰层，但是这根本吓不倒找珍珠的人们。不仅这个村子里的男人们在行动，很快，临村里的男人们也加入了找珍珠的队伍。

越来越多的人来到河里寻找珍珠。果然，几天之后，又有一个农夫获得了珍珠。他兴奋地站在河里大喊大叫，根本忘不了刺骨的河水带来的痛苦。

这个消息像长了翅膀一样方向四面八方，所有的人都更加努力地寻找珍珠。这个冬天，这条河流附近一直非常热闹。

春天来了，除了找珍珠的人们，又有一批淘金者在这里出现了。原来，有人从河里有珍珠这件事推测到，附近的山上很可能有金矿。扛着铁锹，推着车来这里挖金矿的人云集山脚，不久，山旁边就出现了一个临时村落，住的全是外地来淘金的人。

人们不论认识与否，只要见面都能谈得来。他们眉飞色舞地畅想着发财后的生活。

这个地方的名气越来越大，连国王都有所耳闻了。国王立即派特使前来考察。

眼前的盛况令特使振奋不已，他回去向国王报告说："这个地方从外边看着好像十分贫瘠，其实藏有许多宝藏，是国家的一个大宝库。"

国王用到这个判断后不敢怠慢，立即派了一支军队前来圈地。他下了命令，将这一带所有的成年男人雇佣，专门为他寻找珍珠和黄金。

邻近国家的君主得到这个消息后，寝食难安，渐渐起了吞并之心。在夏天来临之际，他终于找到了一个发兵的理由。

为了珍珠和黄金，双方都不肯妥协，残酷的战争一直在持续。这天，那个最开始捡到死兔子的农夫紧紧地抱着妻子，说："我明天出征，这顶兔皮帽子用不上了，如果生活困难你就把它卖了吧！"

同时上战场的还有这个村里所有的男人以及全国的男人们。持续数年的战争，已经迫使这个小小的国家国库亏空、民不聊生。

▶【人生感悟】

所以，我们不妨歇一歇自己忙碌的脚步，放一放自己内心的欲望；低头看一看脚下的所得，抬头望一望头顶的幸福。从容的生活可以让我们放飞自己的心灵，还原自己的本性。即便是遇到挫折，遭受坎坷，我们都可以从容面对。常想一二，人生无时不在快乐中；不思八九，生活时时都是幸福处。

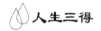

7. 烦恼只会越挠越痒

宋国有一个叫阳里华子的人，中年之后得了健忘症，早晨用过的东西晚上就忘了，晚上拿过的东西早晨又忘了；现在不记得从前的事，过后又不记得现在的事。为此，一家人很是苦恼，就请来算命先生为他占卜，却不灵验；又请来巫师为他作法，还是不见好转；最后请来医生为他诊治，也丝毫没有效果。

这时候鲁国有一个儒生主动找上门来，自称可以治疗这种疾病。阳里华子的妻子说："只要你治好他的病，我愿意拿一半的家产作为你的酬劳。"儒生说："这种病不是算命和作法能够免除的，也不是医药能够治好的。我们攻心、解开他的思想疙瘩，或许就可以治好他。"

于是，儒生就让阳里华子脱光衣服，裸露身躯，他知道要去找衣服穿；不按时给他饭吃，他也知道知道去找饭吃；把他关在黑屋子里，他也知道去找光明。这时候，儒生高兴地对阳里华子的儿子说："你父亲的病可以治好了。但是，我治病的方法是自家世代相传的，不可以传至世人，你把所有的人支开，我要单独和他在屋里待七天。"家人听完儒生的话，也只好照他的话去办了。

七天过后，儒生真的彻底治好了阳里华子多年的健忘症。但是，阳里华子几乎完全变了一个人，怒逐妻子、臭骂儿子不说，还挥起戈矛要杀那个鲁国的儒生。这让宋国人都看在眼里，实在不明白是怎么回事，于是拦住他问道："既然你的病已经全好了，你就应该感谢你的家人，感谢为你治病的儒生才对，为什么还要这样呢？"

阳里华子说道："从前我健忘，整天飘飘荡荡，不知道什么世界，也不知道有无，非常轻松自在。如今，我不再健忘了，几十年来的存亡得失、哀乐好恶都涌上心头。我只怕将来的存亡得失、哀乐好恶还会像现在这样，把我的心搅得乱七八糟。到那时，我再想忘记一分一毫还容易吗？"

宋国人听了阳里华子的话就说，你的问题只有山中的智者可以解决。于是阳里华子就向山中的智者倾诉自己烦恼等他将话说完了，智者才说："我给你挠一下痒吧。"

阳里华子不解地问："您不给我解答烦恼，却要给我挠痒，我的烦恼与挠痒有什么关系吗？何况我并不需要挠痒。"智者说："有关系，并且关系很大！"阳里华子无奈，只好掀开背上的衣服，让智者给自己挠痒。智者只是随便在他的身上挠了一下，便再也不理他了。阳里华子突然觉得自己背上有一个地方痒得难受，便对智者说："我痒得难受，你再给我挠一下吧。"智者于是又在他的背上挠了一下。可是，阳里华子觉得这里刚挠完，那里又痒了起来，便求智者再给自己挠一下。就这样，在阳里华子的要求下，智者给他挠了一上午的痒。

阳里华子走的时候，智者问："你还觉得烦恼吗？"整整一上午，阳里华子都在缠着智者给自己挠痒，居然将所有烦恼的事情都忘记了。于是，他摇了摇头说："不烦恼了。"智者这才点头笑着说："其实，烦恼就像挠痒，你本来是不觉得痒的，但是如果你闲来无事，去挠了一下，便痒了起来，并且越挠越痒。烦恼也是一样，本来你不觉得烦恼，只是如果你闲来无事时，去想了一些令自己烦恼的事，便会开始烦恼起来，并且越想越烦。"

阳里华子有所顿悟。智者接着说："烦恼最喜欢去找那些闲着没事的人，一个整天忙碌的人，是没有时间去烦恼的！放下就会快乐，放下了烦恼，又怎么会有烦恼呢？"

▶【人生感悟】

人生中本来没有什么烦恼，人们想得多了，也就自然生出了烦恼来。正所谓"世间本无事，庸人自扰之"，所以，我们对于生活中那些不如意的烦恼

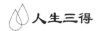

和不快，一定要学会忘记。有句名言说得好："事有不可忘者，有不可不忘者。"当然，如阳里华子那般宁愿浑浑噩噩，不想拥有记忆的想法是过于极端了，但从另一角度上来讲，忘记又未尝不是人生的一种解脱呢！

所以说"放下就是快乐"是一粒开心果，是一味解烦丹，是一道欢喜禅。只要你心无挂碍，什么都看得开、放得下，何愁没有快乐的春莺在啼鸣，何愁没有快乐的溪泉在歌唱，何愁没有快乐的鲜花在绽放呢！

8. 改变命运的本钱

一位青年人，在奋斗的过程中经历了无数次的失败之后，总是不停地抱怨，抱怨上帝的不公，为何自己发不了财，世界上那么多人，为何偏偏让他成为世界上最为贫穷的人，于是每天都愁眉苦脸，郁郁寡欢。

这一天，他向一位智者诉苦，并向对方说道："你是一位智者，你一定知道很多赚钱的方法和技巧，能否告诉我如何才能够通过做一笔大买卖赚到很多钱呢？青年的态度极为恳切、虔诚。

看到青年这样，智者很是失望说："真是太可惜了，你放着终日享用不尽的东西不好好珍惜，却来做这样的事情，你想要得到终生享用不尽的东西吗？"

"这种终生享用不尽的东西是什么？它在哪儿呀？"这位青年便急迫地问道。

智者很严肃地回答道："就在你的身上呀！"

青年很是疑惑地说道："我身上哪有什么终生享用不尽的东西，我没有任何存款，而且还欠了不少债，同时还没有任何值钱的家当……"

智者回答说道："假如现在我要砍掉你的一根手指头，给你一万元，你干不干？"

"坚决不干。"青年急切地摇着头，并且明确地答道。

"那么，假如砍掉你的一只手，给你十万元呢？"智者又问。

"不干。"青年又明确地答道。

"那我给你一百万元来换取你的一双明亮的眼睛，你会考虑换吗？"智者继续问。

"不，坚决不同意。"青年又回答道。

"好吧，我现在如果给你一千万，把你的生命给我，你干不干呢？"智者问道。

"当然不干！"青年又坚决地说道。

听罢此话，智者笑了笑，语重心长地说道："这就是呀，你已经有上千万的财富了，为什么还每天哭穷呢？你有一双手可以继续奋斗，你有一双明亮的眼睛，可以学习；你有生命可以创造一生都受用不尽的财富，如此富有，怎么看不到呢？"

智者的话犹如醍醐灌顶，一语将青年从梦中惊醒！他终于明白了，谢过了智者，昂首阔步向外走了出去，俨然自己成为了一位大富翁，因为他知道自己已经拥有了改变命运的本钱。

▶【人生感悟】

青年人已经认识到了自身有拥有的财富，而我们呢？当我们哀叹自己没有更多的金钱，哀叹自身能力的不足，哀叹相貌难看，哀叹自己的精神困乏的时候，我们是否看到了本身所拥有的"财富"呢。殊不知，你所拥有的是你自己生命中最为重要的，最值得珍贵的，明白了这些，你就会发现，你是一个极为富有的人，你自己是拯救自己的主宰。

9. 放下手中的死老鼠

卢梭是法国的著名思想家，他的著作《忏悔录》《社会契约论》《爱弥儿》是人类不朽的著作，但是年轻时的卢梭却经历过十分屈辱的生活。

在 22 岁那年，卢梭与村里的一个女孩坠入爱河，很快两个人准备结婚。婚礼当天，正当卢梭沉浸在亲戚朋友的祝福和爱情的甜蜜中时，他的未婚妻却牵着另一个小伙子的手对卢梭说："对不起，我爱上了别人，我们在一起不会幸福的。"说罢，两个人一起离开了婚礼，而此时的卢梭又羞又愧，在亲朋的目光中无地自容。

卢梭的情感风波并没有停止，而是传遍了整个小镇，不论他走到哪里，总有人在背后议论着他的婚礼。卢梭再也无法忍受这样的羞辱，他离开了自己生长的小镇。

于是，年轻的卢梭开始了自己的流浪生涯。他首先从自己的家乡瑞士来到了德国，接着又从德国跑到了法国；终于在三十年后，重新回到了自己的家乡小镇。

此时，当年负气出走的年轻人已经两鬓斑白，著作等身，是誉满欧洲的思想家了。当他问候自己年轻时的熟人时，忽然有一位老朋友问他："你还记得艾丽尔吗？"

艾丽尔就是当年让卢梭羞愧不堪，最终离家出走的女孩。卢梭听人提起他，笑着说道："当然记得，她差一点儿做了我的新娘。"语气满是轻松，没有丝毫的怨恨。

那位朋友为了讨好卢梭，接着说道："当初她在婚礼上羞辱了你，如今自己也恶有恶报。这些年，她的生活贫困潦倒，只能靠着亲友的接济度日。这一定是上帝在惩罚她对你的背叛。"

朋友本以为卢梭听到这个结局，会感到高兴和解恨。可是卢梭却说："她的不幸让我觉得很难过。她并没有错，上帝不应该惩罚她。我这里有一些钱，请你转交给她，但是请不要说是我给的，以免她以为我在羞辱她而拒绝。"

朋友对卢梭的行为十分不解，追问道："你难道一点儿也不恨艾丽尔吗？当初，正是她让你丢尽了脸。"

"那些都是 30 年以前的往事了，我早已放下。如果这些年我还记恨她，岂不是在要在仇恨中生活 30 年？仇恨就像提着一袋死老鼠，一路上闻着臭味的只会是不肯放下的人。所以，我们最好把它丢得远远的。"

▶【人生感悟】

对于曾经毁掉婚约，当众给自己奇耻大辱的恋人，卢梭选择了宽容，而不是仇恨。所以，卢梭最终成为了伟大的思想家和文学家，而不是心胸狭隘的小人物或者杀人犯。

正如卢梭所说，仇恨就像一袋死老鼠，总是提着它，只能使自己闻到臭味。如果我们总是背负着仇恨，对于陈年往事怀恨在心，那么不仅会因为一时冲动而伤害了别人，更会因为仇恨积聚在心里，最终毁了自己的一生。

10. 人间天使

一部《罗马假日》让所有人认识了这位厌倦繁文缛节，只爱快乐同游的"公主"——奥黛丽·赫本。高贵气质与新鲜世界的碰撞成就了今天无数人眼中的经典的她，在生活中是否与银幕上如出一辙呢？

奥黛丽·赫本出生于欧洲最美的城市布鲁塞尔。她的父亲是一位非常具有商业头脑的银行家，母亲是一位高贵的荷兰贵族后裔，并承袭着"女男爵"封号。赫本虽然出生在比利时，但是由于父亲工作忙碌的原因，要经常往来于比利时、英国和荷兰三地，这使他与赫本、赫本的母亲，还有赫本另外两个同母异父的兄弟很少团聚。

赫本在六岁时就读于英国伦敦的贵族寄宿学校"密斯利登学校"，但由于她的父亲信仰法西斯主义，支持纳粹党，政治立场的相争和平时生活的聚少离多，赫本的父母离婚了。之后赫本离开英国跟随母亲一起回到荷兰的外婆家，1939 年进入安恒音乐学院学习芭蕾舞，之后第二次世界大战爆发，宣称中立的荷兰被纳粹占领。

当纳粹侵占安恒后，有谣传母亲的家族带有犹太血统，原本富裕的男爵家族被视为帝国敌人，不但财产被占领军没收，赫本的舅舅也被杀害了。在战争的饥荒期间，赫本经常靠郁金香球茎及由豌豆粉做成的"绿色面包"充饥，并喝大量的水填饱肚子。营养不良促使她的身材逐渐瘦削。虽然如此，奥黛丽·赫本仍然不断锻炼她最爱的芭蕾舞。赫本曾为荷兰游击队秘密工作（包括表演芭蕾舞募集捐款、传递情报等），为反法西斯战争做出过贡献。

二战后，赫本与母亲带着省吃俭用存下来的 100 英镑迁至英国伦敦。她在这边打工边寻找深造的机会。1948 年进入著名的玛莉·蓝伯特芭蕾舞学校（Marie Rambert`s）学习芭蕾舞，期间曾经因为没钱缴交学费而返回荷兰。面对家庭的经济压力，她转而成为兼职模特儿，并参与歌舞团演出。赫本击败多数应征者，成为音乐剧《高跟纽扣鞋》（*High Button Shoes*）的合唱团员。

1951 年，赫本正式成为了几部电影的演员，尽管都是一些无关紧要的角色。有一次，一部翻拍电影要去法国取外景，赫本的角色也在其中，演出期间却被坐在台下的法国著名女作家高莱特夫人一眼认定她就是自己作品《金粉世界》中"主角的化身，于是邀请她到纽约好莱坞出演音乐剧《金粉世界》的女主角，开启了赫本到美国发展的机缘。同时，她还被《双姝艳》的导演推荐给威廉·惠勒，参加了新影片《罗马假日》的试镜，获得非常好的评价，从而得到这部电影的女主角角色。

总算时来运转，1952 年奥黛丽·赫本到美国正式参与舞台剧《金粉世界》的演出，广受人们的欢迎，因此获得世界戏剧大奖最佳女主角。但为赶拍《罗马假日》，在《金粉世界》巡回八个月演出后被迫结束。

1953 年，与好莱坞名影星格里高利·派克一起主演的电影《罗马假日》（*Roman Holiday*）正式上映，由于她的成功演绎，该片放映后迅速风靡世界。赫本的形象一下子吸引了观众的目光，著名的赫本头表现出的天真无邪，使她成功地赢得了多数人的赞赏，一下子成了国际流行发式。

许多报纸评论称赞赫本说："一位新嘉宝诞生了！"据说英格丽·褒曼在意大利观看《罗马假日》时，竟发出一声惊叫，她丈夫罗西里尼问她："你为什么叫喊？"褒曼说："我被奥黛丽·赫本深深感动了！"1954年3月25日，赫本获奥斯卡最佳女主角奖。

而这也开启了赫本的美国电影之路。接下来的，《翁迪娜》《战争与和平》《黄昏之恋》等等，声势扶摇直上。1964年赫本主演的《窈窕淑女》，一举获得8项奥斯卡的奖项，但赫本却因导演让别人幕后代唱的关系无法获得提名。

后来赫本步入了幸福的婚姻殿堂，息影七年。不安于"贤妻良母"生活的赫本终于重返影坛，与因演007谍报员詹姆斯·邦德而名噪一时的辛·康纳利一起主演《罗宾汉和玛莉安》，该片的首映式在纽约举行。当赫本前往出席之前，她非常不安，阔别影坛七年，她不知观众是否还会认可她。在首映式之前，赫本还不得不尽快飞往好莱坞，赫本一到，约有6000人向她欢呼，赫本对此完全没有思想准备，她被观众的热情感动得热泪盈眶。

1988年，她担任联合国儿童基金会亲善大使，她不时举办一些音乐会和募捐慰问活动，并不时造访一些贫穷地区的儿童，足迹遍及亚非拉许多国家。1992年底，她还以重病之躯赴索马里看望因饥饿而面临死亡的儿童。她的爱心与人格犹如她的影片一样灿烂人间。

【人生感悟】

女人的美丽有三种层次：第一种面容娇好，身材婀娜，不论把她们放到哪里都是当之无愧的美女；第二种兰心慧质，温婉可人，她们的一举手一投足都散发着女性柔美的魅力；第三种美则不在外表与举动中体现，乍看上去并无不同，但是接触久了才明白她们原来是上帝派到人间的天使。奥黛丽·

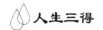

赫本无疑兼具了这三种美丽，但是最可贵的，还是最后的那一种美。

因为，随着岁月的流逝，当年的花容月貌难免不再，曾经的绝代芳华终成虚空；老祖母的风韵十足难免让人作呕，过于文酸气的女人总让人觉得格局有限。唯有天使的慈悲，在人间的时间越久就越显得光芒四射，它的美感不但不会因为时间的向前而退去，反而会随着的岁月的沉积而常驻人间。愿天下所有追求美的人，都能够成为人间天使。

11. 最痛苦的事情

智者在舍卫城讲解道的时候，有一次，他的四位弟子听完他的讲解，结伴来到一个僻静的地方。那时正是盛夏，暑热难当，所以他们坐在一棵壮硕茂盛的石榴树下乘凉，并互相交换各自修习道的心得。

说着说着，不知不觉转到了另外的问题上，其中一个弟子问大家：

"你们说一说，在这个世界上，到底什么最让人感到痛苦？"

"这有什么难的！我认为在这个世界上最让人感到痛苦的是淫欲之心，当它产生的时候，往往带给人极大的痛苦，甚至招来杀身之祸。"一个弟子回答。

这个弟子的话刚结束，另一个弟子就说："我认为你说的不对，在这个世界上最令人感到痛苦的是饥渴。想想看一个人吃不到饭、喝不到水的模样，还有什么比这更痛苦的呢？"

另外一个弟子听了也说："你们两个说的都不对！世界上最让人痛苦的是突然遇到让人害怕和恐惧的事情。"

这时候，那位最先提问的弟子开了腔："你们三个都错了，世界上最让人感到痛苦的是生气愤怒之心，它一方面使人感到痛苦，另一方面又化成一种力量，使生气的对象承受无尽的痛苦，这才是世界上最让人感到痛苦的事情。"

四个人都觉得自己说的才是对的，于是争吵起来，一直吵到太阳快下山还是毫无结果。

智者知道了，晚上便来到他们住的僧房中，同他们询问争论的情况以及各自的论点。智者听完他们的话，沉吟了一会儿，才对这四个弟子说：

"你们四个人的意见都没有抓住痛苦的实质，所说的都只是表面。其实，天下最痛苦的事莫过于人有肉体的存在，这才是最主要的原因。无论淫欲之心、饥渴之念、愤怒之心或害怕恐惧的心都是源自于人这个肉体。"

四个弟子听智者这样一说才开了窍，不停点头称是。随后智者又为他们讲了一个故事：

很久很久以前，有一个具备神足通、天眼通、天耳通、他心通、宿命通等五种神通的比丘，名字叫做精进力，他常常独自到一棵大树下安静修行。在这棵树的附近住着四种动物，分别是野鸽子、小鸟、毒蛇和梅花鹿，它们相处得很融洽。

有一天晚上，这四种动物热烈谈论着自己的所见所闻，这时精进力结束了修行，听见动物们有趣的谈话，就继续坐在树下，闭着眼睛静静听着。

不知不觉中，动物们转换了话题，开始互相问道："世界上什么事情最痛苦？"

小鸟首先说："依我看来，这个世界上最痛苦的事就是饥渴。饥渴的时候，身体瘦弱又没有力气，眼睛也开始昏花，还会神志不清，所以我认为饥渴是最痛苦不过的事情。"

野鸽子接着说："我觉得这个世界上最痛苦的事不是饥渴，而是色欲。当色欲来临时，为了满足自己，就会无所顾忌起来，不达目的绝难罢休，我觉得这才是最痛苦的事情。"

毒蛇急促地说:"你们两个的看法都不对。我认为愤怒的心才是最为痛苦的。那种心情一产生,往往会忘掉一切,把最好的朋友也当成敌人,不但让无辜的人受到残害,还可能为自己招来杀身之祸,这才是世界上最使人感到痛苦的事。"

毒蛇说完,梅花鹿也跟着发表高见:"不对、不对!世界上最痛苦的事应该是恐惧的心情。我白天在林间或野地觅食时,精神总是高度紧张,一方面要提防神出鬼没的猎人,一方面又得提防凶狠的虎狼,稍微听到一点动静,就得马上逃开,每天都得提心吊胆的过日子。这种惊惧和害怕的心情才是最可怕的。"

梅花鹿一说完,小鸟就开始反驳,随后毒蛇和野鸽子也加进来,大家各持己见,谁也不让谁。

精进力听到这里,终于忍不住了,他突然咳嗽了一声,那四种动物都停住嘴,一起转过头来看着他。

精进力对它们说:"刚才你们的争论我都听见了,我觉得你们说的都不对。世界上最痛苦的事其实是有所作为,有所作为才是痛苦的根本,我就是因为这个原因才舍弃世俗的生活,开始学习佛道的。我消除一切杂念,断绝非分之想,不贪图肉体存在的快乐。这样做的目的是为了断绝痛苦的根源,而求得涅槃。人一旦涅槃,肉体也就随之消灭,这样一切忧患也就完全结束了,才能求得最大的安乐。"

精进力讲完这番话后,就不再作声,闭上了眼睛又继续修行。那四种动物一时愣住了,大家都静静思索精进力的话,一时间心中恍然大悟,懂得了一些道理。

智者说完这个故事,和善地望着眼前四个弟子,对他们说:

"那四种动物就是你们四个人的前身。你们的前身已经了解了痛苦的根本所在,为什么现在还要再提出来争论呢?"

四个弟子听了感到十分的惭愧,从此更加勤苦修习,最后修得阿罗汉果，四个人都成了阿罗汉。

【人生感悟】

如此宝贵的人生，为什么在智者的眼中却是苦恼？因为我们往往不能安心享受眼前的淡泊，为自己制造各种各样的麻烦。正所谓"树欲静而风不止"，人心常常像脱缰的野马奔腾不息，最后搞得自己身心俱疲。其实，真正无法安静下来的原因，不是风在动，也不是树在动，而是因为我们的心在动。只有学会放下，才能做到静心；只有做到静心，才能享受淡泊。淡泊才是人生真正的滋味，它让我们得以看清生命本来的样子，获得生活真正的幸福。

12. 不要将坏心情带进门

一个人开车在山里游玩归来的路上，看到一辆车陷在了路边的泥潭里，站在一旁的一位中年男子向他挥挥手要求搭车。这个人请中年男子上车。

这位中年男子说，他住在山下的一个小镇上，周末到山里的一个水库里去钓鱼，但运气很不好：去的路上，轮胎爆了，换备用轮胎耽误了一个小时；来到水库以后，钓鱼竿又被水底的树枝挂住，拉断了；返城时车又陷在了泥潭里，怎么也挣扎不出来，所以只好搭车回家。

在中年男子的引领下，这个人把车开到了小镇上。中年男子邀请这个人去他家里坐坐。走到家门口，垂头丧气的中年男子并没有马上走进去，而是站在门口，伸出双手，抚摸门旁一根突出的栅栏；大约过了一两分钟，中年男子才敲门。门开后，他笑逐颜开地和孩子紧紧拥抱，又给了妻子一个热吻。然后，中年男子高兴地向家人介绍这个人，并留下这个人吃了一顿饭。

这个人离开的时候，中年男子送他出来。他问中年男人："刚才你在门口的动作，有什么特别的用意吗？"中年男子说："这是我解决烦恼的方法。我在外面时总会遇到心情不好的事情，可是无论怎样，我都不能将坏心情带进门，不能带给妻子和孩子，所以，我就把它们挂在门口，准备第二次出门的时候再带走。"

这个人听了中年男子的话觉得很稀奇，就问道："那么第二天你不是仍然要心情不好吗?"

中年男子回答说："在弄清楚这件事之前，先让我给你讲个故事吧。在阿拉伯国家有一位著名的作家名叫阿里。有一次，阿里约好朋友吉伯、马沙一起步行旅游。一路上，他们三人谈笑风生，好生快乐。当他们经过一处偏僻遥远的山谷时，马沙脚下不小心，差点滑落下来。幸亏旁边有吉伯拼命拉拽他，这才将他救起。为此，马沙非常感激吉伯，于是就在附近的一座大石碑上刻下了：某年某月某日，吉伯救了马沙一命。三人继续行走了几天，当他们来到一处小河边时，吉伯跟马沙却因为一件小事而吵起来，吉伯一气之下打了马沙一记耳光。马沙立即跑到沙滩上写下了：某年某月某日，吉伯打了马沙一耳光。几天后，他们旅游回来了，阿里好奇地问马沙：你为什么要把吉伯救你的事刻在一块石头上，而将吉伯打你耳光的事写在沙子上呢? 马沙回答：因为吉伯救了我，我永远都感激他，所以我一定要记住他。至于他打我耳光的事，我只是想随着沙滩上字迹的消失，而把此事忘得一干二净。所以，我们应该记住那些需要记住的事情，忘掉那些应该忘记的事情。就像我放在门外的坏心情，它们通常在第二天就消失了。"

听完中年男子的故事，这个人感到很震撼。他心想：一个人不管遇到多少苦恼事，总会有快乐相伴，就看自己会不会品味和寻找。只要善于把握自己，能够进行自我心理调适，就能用欢乐驱散心中的烦恼，与好心情有个约会。于是他从此也养成了不把坏心情带进家门的好习惯。

【人生感悟】

"人生不如意事常十之八九"，这是我们在日常生活中遇到挫折时发出的感慨。的确，纵观芸芸众生，有谁能够一生都活得春风得意、一帆风顺？"一帆风顺"只不过是美好的祝福而已，在赤裸裸的现实面前，它总是显得那么苍白无力。因此，我们只有学会忘记，才能让自己从不如意的生活中解脱出来。生活本来就平淡如水，放一点糖，它就是甜的；放一些盐，它就是咸的。所以，无论你正在面临什么问题，正在遭遇什么烦恼，都不要因此输了好心情。只要你保持微笑，那么生活就会向你微笑；只要你保持快乐，那么人生就永远不会暗淡。

13. 计较得少，快乐得多

曾经有一位心理学大师带着弟子就人们对金钱的欲望进行调查。这天，他们来到大街生，看到有一个乞丐正在向过往的行人乞讨，于是大师就带着弟子们来到乞丐的面前，讲明自己的来意，并提供给乞丐一定的报酬。

大师对这个乞丐说："你要对我们提出的问题如实回答，心中是怎么想的，嘴上就要怎么答，如果你说的话被我们断定是假话，那么给你的报酬就会相应减少。"乞丐点头答应。

于是，大师开始了自己的第一个问题："假如你现在身上有 10 块钱，你最想做什么？"

乞丐马上回答说："我会迅速跑到熟食店买一只香喷喷的烤鸡，两瓶爽口的啤酒，然后找个安静的地方，美美地吃喝一顿，最后在太阳下面悠闲地睡上一觉。"

大师又接着问第二个问题："假如现在你身上有 100 元呢？"

乞丐想了一下，说："那我就买上两只烤鸡，3 瓶啤酒，带着同样要饭的妻子美餐一顿。然后找个小店，洗个澡，在那里美美睡上一觉。"

"假如现在你身上有 1000 元呢？"

乞丐听到这个数愣了一下，有些难为情地说："先生，其实从小到大我都没有过 1000 元呢。"

大师严肃地说："我说的是假如，请如实回答！"

乞丐思考了一会儿，说："我肯定是先拿这些钱买一身上好的衣服，像你们一样光鲜亮丽地走在大街上，抬头挺胸地四处逛逛，再也不吃别人的剩菜剩饭，再也不伸手乞讨，找一个安稳的住所，不被打扰。"

"假如你现在有 10000 元呢？"

乞丐一听到马上来了精神，激动地说："我有这些钱马上回老家，盖上几间新房子，买上好几亩地，种种庄稼，农闲时约上朋友玩耍。"

"假如你现在有 100 万元呢？"

乞丐愣了很久，然后满面生辉，喜悦之情溢满脸庞。他幸福地走到大师的面前，低声地说："我有这么多钱，会像城里有钱人一样，穿金戴银，住豪华小楼，开好车，和妻子离婚，再找一个年轻漂亮的女人，整天带着她逛街、唱歌——天下的荣华富贵，我都想尝尽。"

大师和弟子们听了乞丐的话都面面相觑，随即大师就按照约定给了乞丐 100 快钱。

但是乞丐没有马上跑去熟食店，而是笑吟吟地看着他们，仿佛在问还有什么问题要问他，还能再给多少钱。

大师说道："欲壑难填，金钱和欲望就是悬在人头顶上的一把利剑，你的贪欲愈多，各种欲望愈多，那么这把利剑就会变得愈沉重，直到有一天划过你的身体，伤害你的身体。人应该抛弃这种欲望无边的心理，从欲望的泥潭中拔出自己的腿，千万不要越陷越深，以至万劫不复，再也发回头，到那时悔之晚矣！"

【人生感悟】

快乐是一剂良药，快乐是满足与幸福。斯波顿曾形象地指出了快乐的重要性，他说："快乐的心地，乃百年不散的筵席，快乐就是人生盛宴上的美味佳肴。"

其实，快乐是件很简单的事，不要在生活上对自己太苛刻。人生短短三万天，与其斤斤计较地生活，不如给自己开一服药方，让自己的心轻松一点，选择笑看生活。心中有大爱，何处无阳光，享受过程，无论顺境还是逆境，都可以是快乐的。信仰与心灵之约，投资如是，爱情如是，人生如是。

14. 平平淡淡才是真

从前，有一对夫妇生活在一个风景秀美的山林中。他们的房子是用木材简单地搭建起来的，房间简陋但很漂亮。由于远离闹市，他们没有余钱，所以所购置的家当也非常少，对他们来说，最值钱的莫过于那把斧子和那套弓箭了。

斧头是丈夫用来砍柴的。每天早上，丈夫和妻子吃完早饭，就各自忙乎起来。妻子在家缝缝补补，而丈夫则带着斧头上山砍柴去了，他也顺便背上弓打猎。

到了下午三四点，丈夫背着柴火和猎物到集市上卖掉，然后购置家里的生活用品和粮食。有时候浪漫的丈夫还会给妻子带回小小的礼物，每次都会把妻子乐得喜笑颜开。家里的日子虽然过得清贫简单，但小两口很快乐幸福。

吃过晚饭，夫妻俩就坐在房屋的台阶上，一起看星星，看月亮，有时两人互相讲着故事，有时也喃喃地说着情话。寂静的夜，他们的生活是那么的简单却美好。然而，这美好却被一件突如其来的事打破了。

一天，丈夫陪同妻子吃过早饭后，像往常一样上山砍柴打猎。他抓到了一只狐狸。狐狸竟然开口说道："求求你，放了我吧，如果你能放了我，我帮你实现三个愿望。"善良的丈夫把狐狸带回家中，把事情告诉了妻子。

妻子听到后，十分高兴，她一直以来想要好多好多的东西，但是一下子却不知道知道要什么才好。很多很多钱，很多漂亮的衣服，一栋大房子？还是让自己变得更加漂亮？这一个个愿望妻子都想实现，可是究竟哪一个比较重要呢？只有三次机会，可妻子想实现的愿望实在太多了。

妻子苦苦思索着，不能做出决定。于是她什么也不干，而是把自己关在屋子里，不停地想、不停地想，想得都忘记吃饭睡觉了。不久后，妻子越来越憔悴了，最后竟然疲劳而死。

【人生感悟】

哲罗姆·克拉普卡·哲罗姆说："让你的生命之舟轻装上阵前行，只装上你需要的东西——一个朴实的家，简单恬淡的快乐，一二知己，你爱的人和爱你的人，一只猫，一条狗，烟斗一二，能吃的食物、够穿的衣服，水要多带一些，因为口渴是要人命的。"其实，生活本来就如此简单、朴实。少点欲望，多从这看似简单平淡的生活中体味幸福和快乐，人生便处处都是风景。很多时候幸福往往因平淡真实而美丽，因为平淡真实的事情背后往往深藏的是更深沉的爱。在生命的过程中，想让自己的人生得以升华，就必须淡泊名利，拥有一颗知足的心，去追求生活本身的淳朴，这样才能活得惬意，人才会有真正的喜悦、真正的宁静、真正的幸福。

中篇 干得漂亮：
参透奋斗真理，才能轻松成功

我们经常会听到这样的抱怨：工作太紧张，每天早起晚归，疲于奔命，不知何时是个头。如果来世，我希望自己变成一头猪，吃了睡，睡了吃，什么都不操心。什么时候可以不用工作，就能住上大房子，开上名车……要知道，人活着就要思考，就要劳动，如果你整天置自己于安逸之中，每天衣食无忧，表面上看似在享受，实则是生活在地狱之中。长时间将自己浸泡在安逸之中，人也无异于行尸走肉。

一个人最可悲的行为，就是丧失了理想，没有了进取心，一味地去享受安逸。这样会让你的人生苍白无力，使你越来越堕落，不懂得珍惜你得到的东西，也不会对周围的事物心存感激，更不容易找到满足感。而通过工作来实现自我价值，通过个人努力来获得成就，你会体会到收获的快乐，珍惜自己所拥有的，对周围的一切心存感激，那么，你将会获得长期的快乐和幸福。所以，无论你是腰缠万贯的富豪，还是一贫如洗的穷困人，都要记住，只有工作才能让你在充实中体会到生命的本质意义，只有干得漂亮才能让你获得快乐和满足，才能让你在奋斗中感受到生命的真正精彩。

Part 4 奋斗真理：
心态好了，事就成了

　　物随心转，境由心造，一切烦恼皆由心生。狄更斯说：一个健全的心态比一百种智慧更有力量。可见心态对成功的重要意义！然而，在奋斗的过程中，想要成功，首先要拥有看淡成功的良好心态。一些有实力的人，之所以在关键时刻失败，就是因为他们太想成功了，所以会患得患失，顾虑重重，犹豫不决，让心灵背上沉重的心理包袱，而让自己错失良机，羁绊自己前进的步伐。因此，如果你想获得成功，那就先调整好自己的心态吧，只要心态端正，很多事情便会顺理成章。

1. 生命不息，奋斗不止

20世纪60年代，蒋建平出生于常州一个贫寒的家庭中，他只读到初中毕业便开始出外工作，为父母分忧。没有学历、没有技术、没有本钱，他只能在粮管所谋得一个保管员的工作。虽然每天认真努力地工作，还是没有逃脱下岗的命运。下岗后，他接连辛苦地找了两个月的工作都没有着落。

在一次回家的路上，他见到有人蹬着一辆三轮车卖盒饭，饥饿的他停下来，买了两毛钱的米饭。在吃饭的时候，他跟卖盒饭的摊主闲聊起来，从他口中得知，卖一天的盒饭所赚到的钱，抵得上他下岗前半个月的工资。他立刻从中看到了致富的希望。

蒋建平决定不再找工作，开始像那位摊主那样也经营盒饭生意。他借了一辆三轮车，第一天，他和妻子从凌晨忙到下午，收入了110元，看着这沾着温热汗水的钱，他兴奋地跳了起来。

从此，蒋建平每天起早贪黑，骑着三轮车到处卖盒饭。聚沙成塔，一点一滴的奋斗和零碎的钞票终于使他拥有了一家店面，尽管这个店面只有12平方米，但他还是欣喜若狂。由于地处常州市丽华小区，他就给自己的快餐店取了个名字叫"丽华快餐"。这个时候，谁也没想到，这个名字会在几年之后变成一个家喻户晓的连锁店。

创业初期是一段异常艰苦的日子，由于地处偏僻，加上新开张，生意很不好做。那时候，常州已经有了好几家有名的快餐店了。为了和常州有实力的快餐公司竞争，他只好找到那些大的快餐店对偏远的、楼层高的地方不送餐的空隙来做生意。他认为这是上天留给他的市场，别人不愿做的，他来做；他想他有的是力气，承诺一份起送。有时候为了送出一份快餐，他甚至可以跑几十里路，不惜爬几十层楼。正是凭着这样的勤勉和执着，他慢慢地在常州站稳了脚跟。同时，他借用他的送餐优势，又在市内开了几家连锁店，终于在 1996 年一举成为了当地这一行业的老大。

1997 年，随着连锁店的开张，只是初中文化的他感觉到了知识的贫乏，管理水平跟不上。他不顾劳累，利用周末报名南京大学学习管理知识。

在学习的过程中，他又认识了很多职业经理人，这让他思路开阔，又发现了新的机会。他想，人越多的地方越需要盒饭，北京人多，那不如把"丽华"快餐开到北京，做那些大的快餐店不做的散客户。从开业的那一天开始，"丽华快餐"的员工在他的质量第一、服务第一的宗旨下，即使节假日、酷热的夏季、严寒的寒冬，每一份盒饭都能保质、准时地送到客户手中。因此，他的"丽华快餐"以奇迹般的速度占领了北京市场。

蒋建平勤劳、执着，不停地寻找，不停地开拓。天道酬勤，一分耕耘一分收获，他从借三轮车卖出第一份盒饭，到拥有第一家店面再到第二家、第三家店面，又开到北京城的多家店面，全凭他百折不挠的吃苦精神和勇于创新的思想。

当初，没有人能想到一个普通的下岗工人靠卖盒饭这种平庸工作，在十年以后，能在北京城拥有 22 个配送点、日销量达到 5 万份；上海、广州、南京和杭州等大城市，也都有了"丽华快餐"的响亮招牌。

他从一个初中生，后来读了南京大学，又读了人民大学的 MBA，他的管理团队也有数十名博士和硕士。这其中的辛勤汗水、艰难和辛酸，又有谁能体会呢？

在"胡润中国富豪排行榜"上，他以不起眼的卖盒饭起家，名列第 325 名，资产达 10 亿元，他就是被提名为新中国成立 60 年餐饮 60 人的江苏常州市的企业家蒋建平。

他说："中国的饮食文化源远流长，在世界上享有盛誉，全球各地都有中国餐厅，但是却没有一个中餐品牌能够走出国门。在国内说起快餐品牌，大家想起的都是麦当劳和肯德基。我的理想就是把华丽打造成中式快餐的世界品牌。"

【人生感悟】

人的一生中所有的路，都是自己做出的选择。没有简单地被"命运"左右的道理。然而抱怨却是现在人的通病，爱抱怨的人并不会让人特别反感，但也绝对不受朋友的欢迎。偶尔的抱怨也许可以当作某种情感的宣泄，但是一旦养成习惯，就会对我们的人生产生影响。

人生的挫折不可避免，而抱怨只会磨灭你的斗志，所以，何不积极地迎接挑战，做个奋斗不止的人呢？要改变抱怨的习惯，在面对生活中的挫折时，先别着急解决，而是要先停下来，让自己放松，找出事情发生的主要原因和解决的办法，然后有条不紊地按步骤解决，这样就能从中吸取到经验，避免再次犯错。

命运全在搏击，奋斗就是希望。失败只有一种，那就是放弃。心中有光，那是信念的基点，那是力量的源泉，那是开启人生之路的探照灯，那是打开成功之门的金钥匙。

2. 阳光只会照进打开的窗子

美国著名的脱口秀节目主持人拉里·金出生于纽约布鲁克林区，他的童年是苦涩的，十岁时父亲因心脏病去世。靠救济金长大成人后，在很长一段时间里，拉里对生活都失去了热情，他对这个灰色的世界充满了失望和冷漠。

然而，拉里凭借自己的努力华丽变身，从一名电台管理员变成了主播。提起第一次担任电台主播时的经历，拉里感慨万千，因为对生活缺少热情，他对自己的表现也非常不满意。那天是星期一，拉里走进电台，心情非常紧张，他不断地喝咖啡让自己镇定下来。

节目开始前，老板还特意前来为拉里加油打气。拉里先播放了一段音乐，就在音乐播完，准备开口说话时，他却怎么也开不了口，喉咙却像是被什么扼住似的，一点声音也发不出来。他连播了三段音乐，却仍然无法在麦克风面前说出一句话。

这时，老板突然走了进来，看着一脸沮丧的拉里说："你要知道，你要打开心灵的窗子，阳光才会照进来。"听了老板的提醒，拉里再次努力地靠近麦克风，小心翼翼地开始他的第一次广播："早安！伙计们，我一直梦想着要上电台，为此我已经练习了整整一个礼拜，刚刚我已经播放了这次广播的主题音乐，但现在的我却比想象中的要糟糕，我口干舌燥，感到非常的紧张。但是，我有一个故事想跟大家分享一下：从前，有两个年轻人在外旅行。一天，他们走进了一座无人居住的大房子。由于年久失修，整个屋子阴暗而且不满灰尘，看起来十分恐怖。两个年轻人想要在这个房子里居住，于是就开始了辛勤的打扫。很快他们扫干净了地面，擦拭好了家具，摆放整齐了餐具，但是屋子里面依然黑漆漆一片。兄弟俩又看看外面灿烂的阳光，又看看屋里的阴森恐怖，于是决定把外面的阳光扫一点到屋里去，这样他们的屋子就可以充满光明了。于是，他们开始辛勤地在屋扫个不停。可是，当他们刚把收集的阳光拿进屋子的时候，阳光马上就不见了。不管他们多么努力，屋里还是一点阳光也没有。兄弟二人感到很困惑，失望地坐在门前。这时候，走来了一个年轻的女孩子，看到他们很烦恼的样子，就问他们为什么不开心。当兄弟俩告诉了她原因之后，女孩子竟然大声笑了起来。兄弟俩都抱怨说，不帮忙也就算了，何必嘲笑别人。女孩子没有说话，而是径直走进屋子里，当她轻轻推开那扇厚厚的窗子时，阳光一下子布满了整个屋子，房间里充满了光明与欢笑。"

拉里磕磕绊绊地终于说完了一段话，似乎也找回了一些信心。这是拉里职业生涯的开始，从此以后，他再也没有出现过类似的情况。对此，拉里总结的经验是"谈话时必须注入感情，从声音中透露出你的热情，这样人们才能够分享到你最真实的感受"。

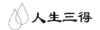

【人生感悟】

　　阳光只会照进打开的窗子，这让我们明白了，为什么同样的问题往往会有不同的答案：完全是因为人心的不同。当一个人紧闭自己内心的窗子时，会经常感到愤怒，认为别人总是无法满足自己的心意；总是不断地奢求周围的环境，希望身边的人们能够给予自己什么。有时候怪别人不知道自己的口味，有时候怪别人忽略了自己的需求，有时候怪别人不记得自己的生日，有时候怪别人不注意自己的感受，却从来不懂得打开自己内心的窗子，让真诚的阳光照耀进来。当一个人放宽自己的心胸时，他才能包容别人的瑕疵，感受到这个世界中的美好。

3. 塑造自我

　　鲍勃·威兰德是美国一位越战时期的残疾军人，也是美国家喻户晓的英雄。他在人们心目中的英雄形象不是靠越战时期作战的英勇和赫赫战功形成的，而是源于他坚强的意志、勇气。

　　1969 年，23 岁的鲍勃·威兰德应征从军远赴越南战场。不幸的是，刚到越南的第二个月，他就在越南西贡市近郊的亚热带密林中踩上了地雷，腰身以下顷刻间不复存在。他由一个高 190 厘米、体重 90 公斤的魁梧男子变成了不足一米高、有手无腿的半截人。面对这样的人生遭遇，灰心丧气以至轻生厌世都是可以想象的，但是鲍勃·威兰德没有，他选择了另外一种方式！

　　鲍勃·威兰德告诉关心他的人："我是不会求助于别人的。"他对人们说：没有了双腿，我还有双手，我可以用双手代替双腿。在医院里，他拒绝护理人员给他更衣，上下楼梯他也拒绝护理人员搀扶。"我有双手，我还什么都能做。"他这样告诉护理人员。开始他很吃力，但不久他就行动自如了。后来又学会了自己驾驶汽车，又重新踏进了洛杉矶的大学校门，甚至考取了体育教师的资格。

鲍勃·威兰德自强不息的精神感动了许许多多的美国人，也感动了一位时装模特的芳心，她毅然冲破世俗的压力，与他相携走进了婚姻的殿堂。

不久，鲍勃·威兰德又做出了一个令所有美国人瞠目结舌的举动，他要用手"跑"完从洛杉矶到首都华盛顿的5000公里路程。几乎所有的人都认为这是个不可思议的决定。5000公里路程，沿途既有连绵起伏的山路，也有荒无人烟的戈壁沙漠，还有人迹罕至的原始森林。他的家人都极力劝阻他，舆论也在积极赞美的同时奉劝他为了身体三思而后行。但是鲍勃·威兰德下了决心，他说："我并不认为自己是个残疾人。只要是你想做的事情，那你就一定能够做到，就看你想不想做了。"

伟大的鲍勃·威兰德上路了。从一开始起程，他就成了美国舆论的焦点，几乎所有的美国报刊都始终关注着他的一举一动。所到之处，他都受到了空前的欢迎。无以计数的家长带着自己的儿女到鲍勃·威兰德的经过之地等待他的到来；他们要告诉自己的孩子，这个人就是那个征服自己的人，就是那个从来都不知道什么是困难的人，就是那个从来也不求助别人的人。

他耗费了3年零8个月零6天的时间，用自己的双手，走完了从美国西部的洛杉矶到美国东部的华盛顿，跨越整个美国大陆的5000公里路程！其间，经历过45度的沙漠高温，经历过零下20度的严寒，爬上过海拔2400米的山路要塞。但坚强的鲍勃·威兰德都战胜了它们，他最终走到了华盛顿。

【人生感悟】

每一个人都是自我生命的艺术家，可以彩绘自己的人生世界；每一个人都是自我生命的工程师，可以塑造自我的美好形象。

要想让自己有出息，首先要彻底消除人生中那些不必要的忧虑，把自己的内心从自卑中解放出来。我们除了不让自己的思维被过去的错误捆绑之外，还要采取一些行之有效的办法，让自己的头脑变得清醒起来。像鲍勃·

威兰德那样让自己忙碌起来是个不错的方法，这样我们的血液才会开始循环，我们才能充满斗志地去重新塑造自我。

所以，不论我们遇到怎样的挫折与失败，工作环境不如意，考试成绩不理想，甚至是家庭的变故，身体的残疾，这些都不应该成为我们不断进步的障碍。因为，这些都只是我们人生路上一时的困难，并不是不可逆转的不幸，毕竟当命运关上了它的门时，一定会为我们在别处开一扇窗。在困难面前，只要自己坚持自信，不被打倒，那么困难就会成为他们向上的台阶，成为他们人生中最宝贵的财富。在人生苦难的帮助下，我们可以将自己塑造得更加完美。

4. 自胜者强

曾经有一位武术高手，跟着自己的师傅苦练十年，然后下山参加一场国际武术锦标赛，他自以为稳操胜券，一定可以夺得冠军。

十年的功夫果然没有白费，他一路连胜，很快杀入决赛。但是在最后的决赛中，他遇到了一个实力相当的对手。看得出对方也是经过长时间勤学苦练的高手，于是双方都不敢怠慢，竭尽全力攻击对方。比赛十分激烈，形势也渐渐明朗起来。这位苦练十年的武术高手慢慢意识到，自己根本找不到对方招数中的破绽，而对方的攻击却往往能够突破自己防守中的漏洞。

最终的结果是十年功夫没有让他一举成名，而是败在了另一个高手之下。失败之后的武术高手异常愤怒，因为自己的十年苦练就这样被打败了。他连夜回去找到自己的师父，说明了自己的遭遇，并决心报仇雪恨，希望师父帮他找出对方招式中的破绽。他决心根据这些破绽，苦练出足以攻克对方的新着，这样就可以在下次比赛时，打倒对方，夺回冠军的奖杯。

师傅看着他一招一式地将比赛的过程重现出来，一直笑而不语。最后，见徒弟比划完了，师傅在地上画了一条线，并且告诉徒弟，如果他能在不擦掉这条线的情况下，让这条线变短，那么他就学会了战胜对手的新招式。

这位徒弟自然是百思不得其解，首选不知道画一条线和武术招式有什么关系，其次也实在不知道怎么能让那条已经定格的线变短。他苦苦思索了三天三夜，最后也没有什么办法，就再次向师父请教。

师父见他诚心求教，就领他到原来画线的地方，慢慢地在原先那道线的旁边，又画了一道更长的线。两者比较，原来的那条线，看起来确实显得短了许多。

徒弟还是有所困惑，不知道这和战胜对手的招式有什么关系。于是师父开口道："你下山去与人比武，失败以后就心怀愤怒，希望利用对方的破绽来报仇。可是你却没明白，夺得冠军的关键，不在于攻击对方的破绽，而是努力使自己变强。正如地上的线一样，你只有把自己变长了，对方才能在相比之下变得较短了。如何使自己更强，才是解决问题的根本。"

徒弟听后恍然大悟，留在山上继续苦练，后来成了远近驰名的武术大师，一生再也没有因为技不如人而愤怒过。

【人生感悟】

不仅比武是这样，生活中的一切事情都是这样。要想获得成功，唯一的办法就是让自己这条线变长。人生路上，要想击败困难，必须先使自己变得强大。只有学会战胜自己，才能走好人生这条路。

马克·吐温说：花儿在踩扁它的鞋底上，依然会留下自己的芳香。由此可见，心中埋着一颗愤怒的种子，无法开出安静淡然的鲜花。愤怒的人只想着战胜别人，从不努力战胜自己。只有懂得战胜自己的人，才能不迷失了自己的本性。由此可见，愤怒是一座牢笼，不能从中走出，便会被其苦苦囚禁。在生活中，对于让我们挫败的人或事，我们应该学会放下愤怒，用一种洒脱的心态和自强不息的行动来回应。能够做到不愤怒、不苛求，才能达到一种

自由自在的生活状态，才能通过自己的努力去开创精彩的人生。

5. 成功的门虚掩着

在 1954 年以前，没有人相信人类可以在四分钟之内跑完一英里（1.6 公里），当然，也从来没有人完成过这样的奇迹。

当时从事人体研究的医学家们认为，根据人类的身体结构，在 4 分钟内跑完一英里是不可能的，因为那已经超出了人类的体力极限。但是，英国的长跑者罗杰·班尼斯特却相信自己的潜能，他说："在四分钟内跑完一英里，是运动员和运动爱好者许多年来谈论的话题和梦想的目标，我一定要把这个目标变为现实。"

于是，1954 年 5 月，班尼特在牛津的跑道上，用 3 分 59 秒 4 的时间跑完了一英里，向全世界证明了人类的极限绝不是四分钟。神奇的事情发生了，就在两个月后的芬兰，澳大利亚的长跑选手约翰·兰迪用 3 分 58 秒的时间再次刷新了人类极限的记录。事情还远远没有结束，在接下来的三年里，又有其他的十六名选手打破了这个神话。

这就让科学家们不得不产生了一个问题：为什么在罗杰·班尼斯特之前几百年的岁月里，没有一个人突破传说中的人类极限。而在罗杰·班尼斯特之后的三年内，世界各地的长跑选手纷纷成为了奇迹的创造者呢？后来经过心理学家的长期研究，终于破解了其中的秘密。由于在罗杰·班尼斯特之前，没有人相信自己的潜能，而在罗杰·班尼斯特之后，人们开始走出了思维里的局限。

后来，从事这项研究的心理学家在研究中得出结论说：在人类的历史上，人们曾经认为地球是方形的。航海家们则相信，在地球的尽头，水会像瀑布那样落下去一样。直到 1519 年 9 月，麦哲伦对这一理论发起了挑战，他率领自己的船队，从西班牙塞维利亚城的港口出发，用了三年的时间，完成了人类史上的第一次环球航行。当他再次回到西班牙时，他已经发现了麦哲伦海峡，命名了太平洋，并且向全世界证明了地球是圆的。最重要的是，他让人们知道，这个世界上只有想不到的事情，没有做不到的奇迹。在人类的历史上，创造奇迹的人来自方方面面，他们的人生经历与人格特征也不尽相同。但是，他们有一个共同的特质，就是从来不会在成功面前畏首畏尾。他们敢于挑战全世界的偏见，他们愿意向全世界说出自己的假设，并用不懈的努力去证明自己的正确。所以，成功的大门总是愿意向他们敞开。

【人生感悟】

人生中，我们进出于各种各样的门：有的门我们可以随意进入，比如害羞、自卑、懦弱和自卑；有的门却不肯为我们打开，比如财富、名誉、成功和奇迹。于是，我们在门外苦苦等待，永远不好意思上前去敲门，更不好意思用手去推一推，试一试。

可是，命运从来就不会将哪一扇门关死，我们之所以觉得成功困难，是因为我们不愿意相信成功，不愿意去尝试。其实，不论奇迹之门还是成功之门，都可以随时为我们打开，因为它们只是虚掩着的。在这个世界上，真正限制住我们的不是事情本身，而是我们内心的偏见。没有人是天生的失败者，每个人都应该为自己的平庸负责，想着卓越努力。所以，在人生的种种大门面前，我们没有必要对财富、名誉、成功和奇迹之门感到无所适从，而是应该大胆地上前敲门，坚持用手去推、用身体去撞，直到它们愿意为我们打开为止。

6. 女王的成长之路

伊丽莎白诞生于伦敦的格林尼治普雷森希宫，她是亨利八世和他的第二个王后安妮·博林唯一幸存的孩子。她出生时被指定为王位继承人，她的同父异母的姐姐玛丽成为她的服侍者。1536 年安妮被斩首，几个月以后英国国会宣布当时三岁的伊丽莎白是私生子（这一直是大多数英国

天主教徒的看法，因为他们认为亨利和原配妻子离婚是非法的）。一年后亨利八世和他的第三个王后简·西摩就生了一个男孩：爱德华。伊丽莎白和玛丽都成了爱德华的佣人。

亨利后来的王后们对这两个公主都很好，亨利本人也经常关注她们的成长，有可靠的朋友和同龄的伴侣。伊丽莎白受到了很好的教育，她的教师包括英国文艺复兴时期著名的人文主义者罗杰·阿斯坎。她接受了古典、历史、数学、诗歌和语言的教育。

1547 年当伊丽莎白 13 岁的时候，亨利八世死了。他最后的王后凯瑟琳·帕尔和她的新丈夫托马斯·西摩（他是简·西摩的兄弟，新国王爱德华六世的舅父）养护伊丽莎白。西摩被年轻的伊丽莎白所吸引，他夫人死后，他本来打算娶她为妻，但他和他的兄弟爱德华·西摩后来都在一系列权力斗争中被处死了。

在她弟弟生前，她的地位比较稳定，但爱德华六世（15 岁）1553 年就因肺结核或砒霜中毒而去世了。她弟弟去世前，曾进行新教的改革，但他的姐姐玛丽却信奉天主教，并可以依仗其父亲遗嘱的力量成功进行宗教改革，所以，他把玛丽从王位继承中除了名，理由是她是个私生女；那么伊丽莎白也不例外，所以爱德华选择了一个信新教的表姐——简·格雷（15 岁）来接替他。简·格雷夫人只做了九天女王，就被她家翁的同党推翻，并被其后上台的玛丽一世处死。玛丽是一个虔诚的天主教徒，她逼迫伊丽莎白改信天主教。

伊丽莎白表面上虽然皈依，但内心仍然是一个新教徒。玛丽对此非常不满，有一小段时间里伊丽莎白甚至被关入伦敦塔。有人认为她是在这里认识了她后来的宠臣莱斯特伯爵罗伯特·达德利的。当初伊丽莎白被关进伦敦塔时，罗伯特是为了追随她，与她一起被关进伦敦塔的。

在玛丽统治期间，英国新教徒遭到迫害，约有 300 人被处以死刑（这使女王有了一个不光彩的绰号"血腥玛丽"）。1558 年玛丽无子而亡，伊丽莎白成了她的合法继承人。英国国会重申了亨利八世国王规定伊丽莎白作为继承人的安排。伊丽莎白于 1559 年 1 月 15 日在威斯敏斯特教堂被加冕为女王，当时她的地位很不稳定。

进一步巩固王权，在经济上伊丽莎白一世实行重商主义政策，保护和发展本国毛纺织业和其他新兴工场手工业。她特别鼓励造船和航海业，鼓励建立各类海外贸易公司，扩大英国呢绒等商品的海外市场；继续鼓励圈地运动，颁布迫害失地农民的血腥立法、徒工法和济贫法等，力图用国家政权控制或干预社会经济变革。

1588 年 7 月，伊丽莎白只凭借两百多只"海盗船"就击溃了当时拥有一百三十多艘大型兵船和运输船，七千名船员和水手，两万三千名步兵的"海上霸主"西班牙，从而为以后英国成为"日不落帝国"打下了坚实的基础。英格兰文化也在此期间达到了一个顶峰，涌现出了诸如莎士比亚、弗朗西斯·培根这样的著名人物。英国在北美的殖民地亦在此期间开始确立。英国历史上，伊丽莎白在位时被称为"伊丽莎白时期"，亦称为"黄金时代"。

【人生感悟】

生活是公平的，如果你付出了，一定会有所回报。你还在认为自己是天下最大的倒霉蛋吗？没有谁比你自己更了解你的痛苦和身上背负的压力和在如此激烈竞争环境下对于学习以及生活的渴望。但是，你不得不在这样的环境中存在着。有的女孩，成长中一直受着父母、老师的偏爱，甚至有一些溺爱。过于平坦的路可能会使你丧失进取心和竞争意识，并最终被社会所淘汰。很多成功女性都是从草根走出来的，没有任何背景，只是依靠着独立、自强，用自己的双手赢得属于自己的未来。

7.　生气不如争气

从前有一个年轻人，性格十分冲动，喜欢跟人争执。他想获得成功，但是知道自己的性格缺陷会阻碍自己，就去向一位出家的禅师请教。禅师告诉他，想不生气很简单，只要你每次和人起争执的时候，就以最快的速度跑回家去，绕着自己的房子和土地跑三圈就好了。

这个年轻人十分听话，之后还是不免与人争执，但是每次生气，他多会按照禅师教他的办法，跑完之后坐在自家的田地边喘气。

年轻人非常勤劳努力，所以他的房子越来越大，土地也越来越广。但是他始终遵循着禅师的教诲，不管房地有多大，只要生气了，他就会绕着房子和土地跑三圈。

岁月流逝，当年的年轻人已经变成了一位老者，拥有了当地最多的财产和良好的名誉。有一天，从远方来了一个像他当年一样的年轻人，恳求他将不生气的秘诀传授给自己。老者很慷慨地说出来当年禅师的方法，想不生气很简单，只要你每次和人起争执的时候，就以最快的速度跑回家去，绕着自己的房子和土地跑三圈就好了。年轻人听后还是不懂，就接着问，这个方法为什么会管用呢？

于是老者很耐心地解释道："我年轻时，也爱生气。我一和人吵架、争论时，就绕着自己的房地跑三圈，边跑边想，我的房子这么小，土地也这么小，我哪有时间和资格去跟人家生气。一想到这里，气就消了，于是就把所有时间用来努力工作。"

年轻人若有所悟，马上又问道："可是您后来房子越变越大，土地也越变越广，生气时还绕着房地跑，管用吗？"

老者笑着说："后来我每次生气时，绕着自己的房地走三圈，边走边想，我的房子这么大，土地又这么多，又何必跟人计较呢？一想到这，气就消了。"

年轻人对老者心悦诚服，因为他学到了真正不生气的秘诀。

【人生感悟】

老者的智慧是：处在人生低谷时，应努力奋斗，没有资格生气；登上了人生顶峰时，应放下执着，没有必要生气。由此可见，如果我们不给自己烦恼，别人永远无法让我们愤怒。愤怒皆自心而生，如果一个人在愤怒中迷失了自己，那么将很难抽身，人生从此失去色彩，生活从此与喜乐无缘。只有及时自省，找回内心，才能走出困境，成功也会因包容翩翩而至。

被愤怒迷住本性的人，心灵会被外物左右，看不到自然界的日升日落，望不见世界的地阔天宽。所以，不论遇到什么事情，我们时刻应该保持内心的清醒，用自己的努力去争取自己想要的结果。仔细想想，天空中星斗漫天，我们又何必执着于眼前的蝇头微利；人生中沧海桑田，我们又何必在乎一时的得失荣辱。其实，愤怒的情绪只能惩罚自己，于事无补；放下愤怒学会包容才能化解矛盾，让自己朝着新的目标起航。

8. 第一位黑人潜水员

有一位名叫卡尔·卡拉布尔的黑人，16 岁时成为一名海军厨师，他心中一直梦想着能够成为一名海军潜水员。然而，等待卡尔的却是轻视和排斥，他的梦想几乎就是痴心妄想，白日做梦，因为当时美国种族歧视现象极为严重。

不过，美国海军中并不是没有一个黑人，但这些黑人几乎只有三条路可走：当厨子和勤务兵，或者卷铺盖回家。但布兰布尔不肯相信这个事实，他私下苦练游泳技巧，心中一直坚信自己能够成为一名潜水员。

有一天下午，训练刚结束，天气非常炎热，如同待在蒸笼里一样难受。白人士兵们如一条条快活自在的鲸鱼，尽情地在海里练习游泳。卡尔只能透过厨房的窗户，满头大汗地"欣赏"。突然，他丢掉了手中的铲勺，跑上甲板，迅速地跳进了海里，向着远方游去。他游泳的速度，比最优秀的白人士兵整整快了两分多钟。然而，卡尔并未赢得掌声和表扬，换来的却是三天禁闭。教官要求他做深刻地检讨，但是布兰布尔坚定地告诉教官说："不！我要当一名真正的潜水员！"教官冷笑着说："厨子，别做梦啦！美国的潜水员，直到今天，还没有出现过一个黑人！"

卡尔写了几千封申请书，要求去新泽西州的潜水员学校，而不是待在厨房。终于，他的执着感动了一位善良的教官，他以私人名义，写了一封推荐信，恳请那里的校长接纳这个优秀的黑人士兵。可是，有着严重种族歧视的校长，表面上收下了卡尔，私下里却打定主意：绝不让卡尔当上潜水员！

第一次理论考试，只上过七年级的卡尔仅仅得了十几分。校长警告他说，下次再不及格，就必须离开这里了。从那以后，每逢休息的时候，其他士兵们都驾车出去喝酒、狂欢，只有布兰布尔一个人用为图书中打扫卫生的方式，取得了能够在图书馆待上 48 小时的权利，所以别人出去玩时，他就在图书馆中学习。就这样，第二次理论考试他得了 62 分，他终于可以留下来了。

潜水课上，校长规定白人士兵潜水的时间是 3 分钟，可校长故意将卡尔的时间延长，并戏谑地说：黑小子若能活着上来，我的头发就要白了。结果，卡尔在海水里潜了足足 5 分钟，平安无事。

终于要毕业考试了。一个冬日的上午，校长把学员们都召集到一起说：你们潜到 300 米下的海底后，我们将给你们沉入一个工具包。你们必须组装好包里的零件，送上甲板。然后，才能拿到毕业证书。

别的士兵 3 分钟之内顺利完成了任务，被拉上了甲板。可是，卡尔的工具包，却被刻意用利刀割破后，扔进海里。那些小阀门、小零件、小螺丝，天女散花般散落在黑暗幽深的海底，卡尔必须将它们一个一个从沙子、淤泥里找寻出来，才能安装。

天渐渐黑了，卡尔依旧待在冰冷的海底。可 9 个半小时后，卡尔发出讯号，将组装好的阀门送到了校长眼前……

看着虚弱不堪、冷得瑟瑟发抖的卡尔，战友们响起了阵阵的掌声和欢呼声。校长不得不颁发给他潜水员毕业证书。后来，训练当中再也没有了蔑视和刁难，卡尔用他的实际行动得到了战友们的认可。9 年后，他以优异的成绩毕业，正式成为美国海军的第一名黑人潜水员。

【人生感悟】

卡尔在面对这么多人的歧视时，没有抱怨，没有愤慨，而是以自己的实际行动证明自己可以通过艰苦地努力成为一名优秀的潜水员，最后不仅得到了战友们的认可，还实现了自己梦寐以求的梦想。假如卡尔没有坚强的意志和充足的自信，他不可能消除别人对自己的歧视，更不可能成为了一名优秀的潜水员。

在日常生活中，我们难免会遇到别人的轻视。只有弱者才会喋喋不休地发牢骚，或者表现出自己的愤怒，或是产生自卑心理，让自己萎靡不振；而强者并不会这样，他们会将别人的轻视变为为一种激励自己的动力，时刻鞭策自己，磨砺自己，心中不停地告诉自己一定要继续努力，最终成就强者气质，证明自己的价值。

9. 把苦难变成财富

第二次世界大战期间，出任英国首相的丘吉尔受众人敬仰。有一次，他被应邀去参加一个很不寻常的聚会，因为出席这次聚会的有很多成功实业家，还有不少明星。在聚会中，大家不分地位高低，围在一起快乐地聊天。

这时候，著名的汽车商约翰·艾顿跟大家讲起了他的过去：他出生在一个偏远、贫穷的小镇，父母因病双双去世了，家里只剩下一个比他大几岁的姐姐，懂事的姐姐便从此挑起了家里的重担。为了维持生计，姐姐每天都去帮一些富人洗衣服、做家务来赚钱。可是没过几年，姐姐就出嫁了。本想着多一个人，也可以帮姐姐多分担一些，没想到姐夫却很不愿意，硬是背着姐姐把他赶到了舅舅家。而舅妈对他更是苛刻，在他读书的时候，每天只给他吃一顿饭，还让他每天按时收拾马厩和剪草坪，要是干不完手中的活儿，就不准他吃饭。好不容易读完学，刚参加工作的他只能先给人当学徒，根本租不起房子。所以，有一年多的时间他就住在郊外的一处废旧的仓库里。

丘吉尔听完艾顿的这番话，顿时被震住了，他惊讶地问："我跟你认识这么多年，在一起的日子也不少，可是怎么从来没听你说过这些呢？"艾顿笑着说道："你也从来没有问起呀，再说了这有什么好说的呢？一个正在经受苦难或正在摆脱苦难的人，是没有权利跟别人诉苦的，你说对吗？"丘吉尔没听明白艾顿的言外之意。艾顿又接着说："一个人要想把苦难变成一种财富，那是有一定条件的。你只有战胜并远离了苦难，苦难才能成为你值得骄傲的一笔人生财富。当别人听到你摆脱了苦难的折磨时，会从心底里佩服你，觉得你意志坚强，非常值得敬重，而不会觉得你是在跟别人诉苦。但是，如果你跟别人说你还处在苦难之中或还没有摆脱苦难的纠缠时，别人只会觉得你只是在请求廉价的怜悯，甚至乞讨……"

丘吉尔终于明白了艾顿的这番话，也正是因为艾顿的这一席话，丘吉尔重新修改了他的人生信条。他在自传中这样写：苦难，究竟是一种财富还是屈辱，一切都取决于你自己。当你战胜了苦难时，它就是你的财富；但是当苦难战胜了你时，它就是你的屈辱。

【人生感悟】

很多人在这个世界上寻找财富，他们却不知道苦难本身就是一种财富，只有像艾顿这样把苦难当作是一种磨练的人，才能够真正拥有财富。同时，"人有悲欢离合，月有阴晴圆缺，此事古难全"。在很大程度上，苦难是一种自然规律的表现。在面对苦难时，我们应该持有一种乐观的态度，勇敢地去接受它。唯有这样，我们才能够克服一切苦难，把苦难变成一种磨练，一种财富。

一位智者曾经说过："没有苦难的人生，不是真正的人生。"苦难不仅可以激发一个人的潜在能力，还可以磨练一个人的意志，进而成就一个美好的人生。一棵高大魁梧的树木，其挺拔的身姿是在与狂风暴雨搏斗之后才能成长出来的；一把锋利的斧头，是在铁匠手中千锤百炼之后才能打造出来的。同样，一个人的成功，也是在经历过苦难的砥砺后才能焕发出生命的光彩。

10. 让自己成为"潜力股"

由学徒发展成洲际大饭店总裁的罗拔·胡雅特，他的经历就说明了把自己打造成"潜力股"的重要性，值得我们仔细回味。

胡雅特是法国知名的观光旅馆管理人才。可是他当年初入这行时，完全是他母亲一手安排的。胡雅特对这份工作一点也不感兴趣，每天浑浑噩噩的，自然没有好的业绩。虽然胡雅特很想离开，但他的母亲认为，如果这么轻易就放弃了，以后就会形成习惯，一遇到困难就打退堂鼓，最终将会一事无成。胡雅特最后还是回到饭店业的训练班，结果以第一名的成绩毕业，并进入巴黎的柯丽珑大饭店工作。

胡雅特一开始是当侍应生，但他知道，观光大饭店接待的是各国人士，必须要有多种语言的能力，才能应付自如。于是，他在工作之余开始自修英语。3 年之后，柯丽珑大饭店要选派几个人到英国实习，胡雅特被录取。在英国实习一年回来之后，胡雅特就由侍应生升为领班。

在 20 世纪 30 年代的经济不景气时期，观光客的人数跟着锐减，大饭店的经营非常不容易。胡雅特利用广场大饭店过去旅客的资料，动脑筋设计出一些内容不同的信函，分别寄给旅客，使广场大饭店平稳地度过了这段艰苦的时期。很快，胡雅特又升为副经理。这时候，在别人看来已经"功成名就"的胡雅特，却决定请假自费到美国看一看，去了解美国的饭店业。经理却决定特准予他公假，以公司名义去美国考察，一切费用由公司承担。

胡雅特一到美国就前往华尔道夫大饭店，说自己想要一个见习机会，并要求从基层做起。结果，他真的找到了一份擦地板的工作。

有一天，华尔道夫的总裁柏墨尔到餐厅部来视察，看到胡雅特正在趴着擦地板。他跟这位来自法国的青年见过一面，印象颇为深刻，见他在擦地板，不禁大为惊讶。"你不是法国来的胡雅特么？"柏墨尔走过去问。"是的。"胡雅特站起来说。"你在柯丽珑不是当副经理吗？怎么还到我们这里来擦地板？""我想亲自体验一下美国观光饭店的地板有什么不同。""你以前也擦过地板吗？""我擦过英国的、德国的、法国的，所以我想尝试一下擦美国的地板是什么滋味。"柏墨尔的眼睛里突然闪起一道亮光，用力注视了他半天，才说："你等于替我们上了一课，胡雅特，下班后，请到我办公室来一趟。"

这次的相遇，使胡雅特进入了美国的观光事业。自此以后，胡雅特的事业蒸蒸日上，一直干到了洲际大饭店的总裁，手下有 64 家观光大饭店，营业范围延伸到世界的 45 个国家。胡雅特的成功之路启示我们："潜力股"的打造，离不开务实的态度，更离不开脚踏实地的努力。

【人生感悟】

现在社会上出现了应届大学生"就业难"和"难就业"的问题。其实，归根到底是因为现在的年轻人过于心浮气躁，希望自己一"上市"就一枝独秀。但是他们往往不知道，发行价过高的股票往往无人问津，因为这样的股票未来很难再有获利的空间了。而发行价很低，却没有潜力的股票也是难遇知音的，所以想要通过奋斗来改变命运的年轻人不妨把自己打造成一支低开高走的"潜力股"。

增加自己潜力最有效的方法就是在浮躁的同类中放下身段，脚踏实地，这样自然能够在同类人中脱颖而出。就像故事中的胡雅特，在成为国际饭店的总裁之前，不妨先去擦一擦全世界知名饭店的地板。

11. 扼住命运的咽喉

艾薇拉在人生最美好的时期，却被查出患有心脏病，无边无际的难过一下子笼罩了她的心，她觉得生活失去了意义，并且拒绝接受任何治疗。

一个阳光明媚的午后，她偷偷从医院里跑出来，漫无目的地在街上晃悠。忽然，一阵略带嘶哑的乐曲吸引了她。走近一看才知道，原来是一位双目失明的老人正把弄着一把破旧的小提琴，在汹涌的人流中忘情地弹奏着。可是吸引人的不只是老人的神情，而是这位失明的老人怀里还挂着一面镜子！

艾薇拉好奇地走上前，趁老人拉完一曲后问道："老先生，抱歉打扰您了，请问这镜子是你的吗？"

"是的，手里的小提琴和胸前的镜子是我宝贝！音乐是世上最美好的事物之一，我就靠这个自娱自乐，享受生活中的美好……"

"可您的眼睛……"她迫不及待地问出这个问题，突然觉得有点失礼。

可老人却并不在乎，只是微微一笑，说："我希望有一天能出现奇迹，我相信总有一天我能在这面镜子里看到自己的容貌。因此不管到哪、不管什么时候我都带着它。"

老人感觉到这个小姑娘还站在那里，就接着说道："小姑娘，我给你讲个故事吧：从前有两个商人，他们各自带了一卡车雨伞到北方去卖。去之前没做市场调研，他们不知道北方下雨的机会多不多，也无法得知能不能卖个好价钱，他们认为自己的伞质量好而且便宜，不管走到哪里都能卖出去。可真正到了北方他们才发现，北方人很少用伞，因为那里的气候跟南方不一样，常年干旱少雨，根本用不着雨伞。两个商人都傻了眼，一时间都陷入了困境。一个月后，他们在回家的路上相遇，一个垂头丧气，一个却意气风发。"

艾薇拉的好奇心一下子被调动起来了，她迫不及待地问道："同样的雨伞，同样的市场，为什么两个人会有这么大的差别呢？"

老人听到小姑娘的提问，微笑着说："因为那个失败的人觉得北方不下雨，谁用雨伞啊！所以他的伞堆得都快发霉了。而另一个兴高采烈的人却在卖的时候把名称'雨伞'都改成了'阳伞'。伞可以挡雨，也可以遮太阳啊！北方阳光那么强烈，所以那里的人们自然很需要阳伞啊！"

听这个乐观的盲人讲述如此智慧的故事，艾薇拉的心被震撼了，回到医院后，她积极地接受治疗；尽管每次治疗都会让她感受到巨大的痛楚，但她却再也没有放弃过，而是坚强地忍受治疗的痛苦。终于，奇迹出现了，艾薇拉恢复了健康。从这以后，她觉得自己拥有了人生中弥足珍贵的两个礼物：积极乐观的心态和敢于坚持的信念。

【人生感悟】

在生活中，我们遭遇的每一次不幸，都会使一个勇敢的人更加坚定，让一个坚强的人更加自信。因为，只有经历了失败的痛苦，一个人才能找到真正的自我，感受到自己真正的力量。

如果一个人因为一时的不幸而痛苦不堪，失去自信，那么，他的前途从此就会一片黑暗。如果一个人能够扼住命运的咽喉，将面前的不幸化为前进的动力，那么，他的世界将从此一片光明。让乐观和坚贞的心态带领每一个人穿过忧伤，变得强大。

12. 临大事需有静气

佩格是一个积极向上的公司总裁，一次他去外地出差，在街上遇到许多摆小摊的，其中有些把戏的简单程度令人目瞪口呆，比如常见的套圈、变纸牌，甚至还有人拿一根跳绳，只要游客在规定的时间里跳够规定的次数，就能从老板手里赢个几十块。

最简单的是穿针眼。一个上了年纪的老人，摆一个简单的小摊，放着线和针。在规定的时间内，如果能用一条线穿越多的针就能赢到越多的钱，当然最多也就五十块；如果失败，你得给他钱。看起来并不难，很多人都想去试试自己的运气，一个女孩对这个毫无挑战力的把戏有了兴趣，走上去要试一试。她拿过线，开始往针眼儿里穿，穿到第三根针时，时间已经到了。

出差回来后，佩格把这事说给自己的同事们听，一个同事听完这个故事笑着说，"你看，被蒙了吧，这个把戏的重点在于，摊主选的地方是闹市，人多嘈杂，就会制造出一个让你无法平静的场面，而且，穿针这种简单的事情，赢了就给你五十元，心情怎么能平静下来。偏偏穿针又是个需要平心静气的活儿，心不静，怎么穿得上针。"

导游也告诉佩格，她带过许多团，多少人都以为这事容易，可三年多的时间里，她没见过一个人赢过这个老人。直到出差回来很久，佩格还无法忘记这个把戏，老在琢磨它。后来，佩格又在报纸上看到了沙鼠的故事：

在撒哈拉沙漠中，生活着一种灰色的沙鼠。在沙漠的旱季到来之前，你会看到所有的沙鼠都会忙得不可开交。它们从早起一直到夜晚，不停地在洞口进进出出，嘴里塞满了草根。这是因为它们要为自己安全地度过旱季储备粮食，好让自己能够躲过沙漠中最艰难的日子。

但有，让人无法理解的是，即使沙地上的草根足以使沙鼠们度过旱季时，它们仍然会一刻不停地寻找草根，运回自己的洞穴，忙个不停。

而实际上，一只沙鼠在旱季里只需要吃掉两公斤草根，而它们一般都要将十公斤草根运回洞中，才能踏实。最后，大部分草根都腐烂掉了，沙鼠只好将这些多余的草根清理出洞。

医学界曾经试图用沙鼠来代替小白鼠做实验，因为沙鼠的个头很大，能够更准确地反应药物的特性。但所有的医生在实践中都觉得沙鼠不好用，因为沙鼠一被关到笼子里，就表现出一种不安：它们会到处在找草根，连落到笼子外边的草根也要想法叼进来，尽管它们在实验室里根本不缺任何粮食。就这样，每天活在烦躁中的沙鼠，很快就在笼子里死去了。

后来，经过研究证发现，沙鼠之所以每天生活在烦躁之中，是由它们的遗传基因所决定。沙鼠的辛勤劳作和烦躁表现，都是出于一种本能的担心，正是这种担心给沙鼠增加了大于实际需求几倍甚至几十倍的劳动，最后，甚至要了它们的性命。

这个故事也同样让佩格先生感触颇深，后来，他再一次接受采访时说："穿针游戏和沙鼠的故事时常让我想起自己的人生，很多时候，我之所以会输，其实是输在尘世的嘈杂与混乱上，是输在内心的浮躁与欲望上。不是人生这个游戏有多么复杂，而是一颗无法平静的心制约住了我们。"

【人生感悟】

在闹市区穿针眼屡屡失败的人们与沙鼠的经历告诉我们，浮躁是人生的大敌，只有战胜浮躁，我们才能够真正地主宰自己。印光大师说过一句有智慧的话："最好的心境，是静心和沉稳。"水面静，才能映出完整的月亮，心静才能让人生在烦躁的环境中创造奇迹和不凡。

做事不能浮躁，一旦浮躁，定会处处受阻，就像闹市中的穿针人一样，因为内心无法平静，即便很简单的事情也会一败涂地；做学问不能浮躁，一旦浮躁，势必会一事无成，总想一口吃个大胖子，最终则是欲速而不达；做人不能浮躁，一旦浮躁，势必为人浅薄，就像沙鼠一般，只能在焦虑和不安中白白地死去。

"行到水穷处，坐看云起时。"我们只有时时保持内心的安静、从容、淡定和安详，才能成功地脱离险境，才能做出不凡的成就来。

13. 27年的求职路

16岁时，诺斯顿正在美国哈佛大学读大一，并在学校学生会担任职务。正当他憧憬美好未来时，却感到脑袋阵阵疼痛，开始以为是休息不好，没有在意，直到后来昏倒在课堂上，被同学们送去医院检查之后才知道事情的严重性。原来他的大脑里面长了一个大大的瘤子，需要立即进行手术。由于手术很成功，经过简单修养之后的诺斯顿又重新回到了学校。

可是在一堂体育课上，诺斯顿在没有任何前兆的情况下，猛然摔倒在地；同学再次把他送往医院抢救，后经医生诊断，他患了癫痫症，是手术后遗症。诺斯顿只好辍学回家。

在他 20 岁那年，他找了一份在钢铁厂做统计的工作，但是不到两年钢铁厂破产了，他也失业了。按照美国的规定，当时像诺斯顿这样的人完全可以享受政府提供的福利，但他不甘心就这样浑浑噩噩地过日子，发誓绝不向命运服输，他还要靠自己的双手。但是令斯诺顿万万没有想到的是，从此他踏上了一条漫长的求职路。

他先找了个驾驶员的职位，但是人家听说他患有癫痫症后，予以拒绝。之后，他又陆续找了几份工作，都因为他患有癫痫症被人拒绝，这时有朋友建议他，以后投简历的时候，不要再提自己患有癫痫症，否则很难如愿。但诺斯顿却说："如果我隐瞒了病症，就算能找到一份工作，我也不会心安，做人应该诚实。我想，只要不认输，总有一份工作适合我。"在之后的求职路上，他都是以失败告终。为了适应新的环境，他边求职，边给自己充电，上了很多培训班，也拿了不少的证书，而面对的仍是拒绝。屡屡碰壁，他也想放弃，但一想到自己的誓言，他有重新打起精神来。

转眼 20 年过去了，他已是人到中年。然而，不仅工作依然没有着落，也耽误了找女朋友。熟悉他的人和他开玩笑说："你现在什么都没有，就专给那些求职者做引导员，每次收取他们的一定的费用，就能发大财了，说不定还会遇见意中人了。"

每次听到这些玩笑话，诺斯顿都会坦然一笑，继续做自己的事。他自始至终都相信，只要不认输，愿望总有一天会实现的。

他找到当时给他做肿瘤手术的医生，一边在那里担任志愿者，一边从报刊寻找招聘信息，医生或护士都被他的执着所感动，纷纷为他提供相关信息，更使他增强了信心。

又是几年过去了，在诺斯顿投的 300 多份简历中，终于得到了一家养老院的回复，同意招聘他担任一名看护助理。

此时，诺斯顿已经46岁了，找工作的时间更是长达27年，成为了美国有史以来找工作最长的一个人。

后来，有记者采访他，问诺斯顿此时的心情时，他感触颇深："当这家养老院告诉我，我已经得到看护助理的工作时，我简直不敢相信这是真的，我请他们再说一次，放下电话都实在不敢相信这是真的。我虽然经历了许多挫折，但我从未停止尝试。我知道，坐下来靠吃福利过日子很容易，但我不希望虚度余生，更不想向命运低头认输。我相信，只要我肯努力，我就一定会成功。"

【人生感悟】

很多人在遇到挫折时，喜欢向别人强调自己的不幸，来赢得同情，或者替自己找借口，来推脱责任。其实，每个人口中的"不幸"往往是人生中不可避免的一些困难，而真正的不幸，则是他们不知道，这些痛苦的经历正是通向人生真理的台阶，是他们人生中最大的财富。

砾石要想变成珍珠，必须经过河蚌血与肉的打磨；矿石要想变成金子，必须经过烈火最无情的考验；一个人要想成就自己的一生，又何尝不需要困难的历练呢？回顾许多伟人的人生，我们可以发现，他们都是在经历了苦难的洗礼之后，才变得沉淀厚重；他们都是在找到了自信的心态之后，才变得强大坦然。所以，对于每一个人来说，困难都是命运的恩赐，人生的财富。因为，困难让他们在痛苦中学会了成熟，在挣扎中找到人生的真谛。

14. 谦虚的画家

有一位不知名的作家，他有一位朋友是知名的画家。作家几乎每次去画家家里做客，都会遇上一些年轻人登门求教，而那位画家总是很耐心地给他们讲解技巧，指点他们的方向，常常一讲就耽误了大半天的时间。对于有的年轻人，他还主动推荐给有关部门、媒体，时不时鼓励那些无名晚辈不要放弃梦想。

作家也知道自己的朋友这样诲人不倦，是在尽自己提携后辈的义务，但是他更知道画家的时间宝贵，身体虚弱，就忍不住问道："你现在已经是功成名就了，身体又不好，外面的应酬还经常推掉，又何必都把时间浪费在这些小人物身上呢？"

画家听了朋友的话，先是一愣，然后笑着说："曾经有一个小人物拿了自己的画，登门拜访一位功成名就的画家，希望这位前辈可以给自己一些指点。结果那位大画家看着眼前的小人物，连画轴都没打开，就说自己很忙，让家人送客。那个小人物走到门口，转身说：'老师，您现在站在山顶，往下看我这个小人物，觉得我很渺小；但我站在山下往上看您，现在也觉得同样很渺小。'说完，这个小人物就回去了。但是他因为受了刺激，所以更加勤奋地练习，四处拜师学艺，最后总算有了点儿名气。当年那个小人物就是我。今天我虽然取得了一点成绩，但我经常提醒自己：一个人的形象是否高大，并不在于他所处的位置，而在于他是否懂得谦虚。"

后来，画家送了作家一幅画，画的是一座山峰，山顶有一个人往下看，山下有一个人往上看，两个人果然是一样大小。同时，画家告诉作家说：我之所以能够功成名就，一方面来自年轻时的努力，一方面来自我学会了谦虚。谦虚是交际中做人、做事的根本，没有谦虚，人无法立足，事无法成就。但是谦虚，也可以分成不同的层次。第一层，不自吹自擂的人，这种人虽然没有成绩，但是也不会夸夸其谈。人们会欣赏他的诚实，愿意与他交往。这种人算是本分。第二层，不居功自傲的人，这种人有很大的成绩，但是从不拿来夸耀。人们敬佩他的品德，愿意接受他的领导。这种人算是君子。第三层，放下谦虚的人，这种人不但不居功自傲，而且连谦虚的名声也不愿承担。人们被他的德行感化，自觉改正自己的行为。这种人，算得上是圣人。不论哪一层次的谦虚，都很难做到；不论哪一层次的谦虚，做到后都会获得幸福的人生。所以，在人生的道路上，不但要知道如何取得成绩，更要在取得成绩之后懂得如何谦虚。人生就是一个舞台，出身的高贵，工作的优越，成就的取得都不是我们在舞台上高人一等的筹码。而别人的批评、毁谤、讪笑像石头一样向我们砸来的时候，我们更要放低自己的姿态，用谨慎和谦逊来对待自己身边的人们。如此才能把自己原有的高度踩在脚下，让它成为我们向上迈进的坚实台阶。"

听了画家的教导之后，作家每天把这幅画挂在自己写作的桌前，每天督促自己努力，后来也终于成了知名的作家，但是他也一直保持着谦虚的态度。

【人生感悟】

我们的成就，除了取决于我们付出的努力之外，很多时候还取决于我们的态度。越是谦虚的人越是能够取得非凡的成就，就像越低的湖泊越是能够汇聚河流。

生活中，我们往往为了张扬个性，展示自我，而忘记了谦虚的重要。当我们盛气凌人，完全不把别人放在眼里时，我们自己又如何去取长补短，获得进步呢？唯有放下身段的人，才能学到本领；那些不懂谦虚的人，就像秋天里直挺挺的谷穗，干瘪而不成熟。

人活于世，难免遭遇宠辱毁誉。要做到宠辱不惊，则需要学会淡泊名利。生活中，懂得放下宠辱的人，可以安于毁誉；而只知道拿起，不懂得放下的人，碌碌一生，最后一定败在欲望太多上。所以，不能正确对待名和利，很容易走入人生的死角；懂得放下与舍得，才是人生不败的秘诀。

Part 5 成功秘诀：
塑造积极心态，超越心中的"冰点"

在奋斗的过程中，每个人心中都潜藏着"冰点"，这种现象便是心理学中常说的"消极暗示效应"。一般悲观的人总是会自怨自艾而生出病来，严重的可能会导致最终的死亡。与之相反的就是积极心理暗示。所谓积极心理暗示，通俗地说就是坚信自己一定能行，一定能够办好自己想办的事情，一定会顺利地完成任务，一定能够实现人生的目标，让人充满无限的自信！拥有这样的信念，就能跨越一切障碍、险境和困难，最终走向成功。所以，要成功，就一定要努力超越心中的"冰点"，塑造积极的心理暗示，这是成事的基础，也是成功的秘诀。

1. 成功的标准

上帝听说世间繁盛，人人都前所未有地崇尚成功，心下窃喜，决定去探听虚实。一日，上帝来到凡间，他召集来若干凡人，问道："你们认为什么是成功？"

一个人说道："成功就是像那些富翁一样有闲有钱。"

一个人答道："成功就是像那些明星一样有型有款。"

一个人叫道："成功就是像那些领导一样有权有位。"

另一个人喊道："成功就是像那些名人一样有头有脸。"

……

上帝摇摇头，并禁止他们回答用"像某某一样"的句型。众人面面相觑，不明所以。

这时，上帝索性问道："成功的标准是谁给的？"

众人小声嘀咕："管他是谁，反正不是我给的就是了。"

上帝没有得到他想要的答案，有点失落，但是他心有不甘，决定继续考察，得出满意的答疑，于是上帝召集众大臣商量，如何才能得到凡人满意的答案。其中，一个大臣告诉上帝，只要你如何如何，定能得到你想要的答案。上帝觉得他的主意不错，便从返人间，他先是变成了一个有闲有钱的大富翁，在一个别致的花园里，上帝远远地望见了一位年轻漂亮的女人正在微笑地注视着在不远处玩耍的孩子和老人，他走上前去，对那位女人说："我是有闲有钱的大富翁，你觉得我和你谁更成功？"

年轻女人笑了，回答说："我是父母的好儿女，丈夫的好妻子，孩子的好母亲，单位的好员工，社会的好公民，而你只是有钱人，你说谁更成功？"

"大富翁"继续问道："成功的标准难道不是我们这些有钱人定

的吗？"

年轻女人反驳道："如果成功的标准是有钱人定的，那么上帝造我们这些人出来有什么用呢？"

上帝得到了满意的答案，走了。

上帝接着变成了一个有型有款的明星，在路边，他远远地望见了一个中年男子正在悠闲地蹬着脚踏车，他迎上去，说："我是有型有款的明星，你认为我和你谁更成功？"

中年男子乐了，回答说："我活得坦荡而自由，而你只是个连结没结婚都不敢承认的明星，你说谁更成功？"

"明星"继续问道："成功的标准难道不是我们这些明星定的吗？"

男子说："那这世界岂不是像娱乐圈一样无聊！"

上帝得到了满意的答案，走了。

上帝接着变成了一个有权有位的领导。在河边，他远远地望见一个男孩在河里嬉戏，他跑过去，说："我是有权有位的领导，你认为我和你谁更成功？"

小男孩跳了起来，回答说："我整天无忧无虑，不必勾心斗角而担惊受怕的生活，你说谁更成功？"

"领导"继续问道："成功的标准难道不是我们这些领导定的吗？"

小男孩说："那我就不会在这悠闲地戏水了。"

上帝得到了满意的答案，走了。

上帝最后变成了一个有头有脸的名人，在田野里，他远远地望见一个农夫在田埂里播种，他走上去，说："我是有头有脸的名人，你认为我和你谁更成功？"

农夫擦了擦汗，想了想，回答说："我不知道什么是成功，我只知道如何把我的三个孩子都供着念书成人。"

"名人"不屑地说："我能供 30 个孩子。"

农夫说："可是，你有我这样的自豪感吗？"

"名人"继续问道："成功的标准难道不是我们这些名人定的吗？"

农夫说："我供我孩子读书的快活可不是你给的。"

上帝有些糊涂了，他琢磨着农夫的话，心想："难道成功只是享受成功时那一刻的快乐吗？难道成功只是一种快活的情绪吗？"如此一来，他继而形而上地想："成功只是一种情趣吗？"上帝带着疑问找到智者，问："成功的标准是什么？"

智者回答说："上帝先生，美，就是人自身本质力量的对象化。"

"什么意思？通俗点。"上帝就点疑惑。

智者说："一个人通过自己的行动和努力，感受到了自己的力量，看到了自己的内心，就会获得美的愉悦。"

上帝明白了——成功也是一样。

【人生感悟】

"成功"，是每个时代最引人注目的话题。"成功"，几乎是所有人的梦想。人人都渴望成功，而"成功"二字又是最难说清的。什么是成功？不同的人会有不同的回答。对于政治家而言，实现国泰民安，就是成功；对于企业家而言，企业能够蒸蒸日上，并能为社会做出应有贡献，就是成功；对于个人来讲，家庭幸福、事业有成、衣食无忧，就是成功……成功的标准又是什么？拥有财富、拥有权力、拥有功名……？然而，事实上，衡量成功没有一把固定的尺子。金钱、权力、地位、功名等等并不是衡量一个人成功的标准。"成功"这个词本就是朴素的，它绝不专属于化装舞会里浓妆艳抹的虚荣皇后、名利战场上一时得意的赢家、那些精于"聚财之术"却无意于"散财之道"的富人。成功是一种感觉，是一种内心的充实和自信。

2.　烧开一壶水的智慧

一位青年满怀烦恼去找一位智者，他大学毕业后，曾豪情万丈地为自己树立了许多目标，可是几年下来，依然一事无成。

他找到智者时，智者正在河边小屋里读书。智者微笑着听完青年的倾诉，就指着放在墙角的一把大水壶，对他说道："来，你先帮我烧壶开水！"

青年看见墙角放着一把极大的水壶，旁边是一个小火灶，可是没发现柴火，于是便出去寻找。

他在外面拾了一些枯枝回来，装满了一壶水，就放在灶台上面，在灶内放了一些柴便烧了起来，一会儿，柴火便烧了起来。可是由于壶太大，那捆柴烧尽了，水也没开。于是他跑出去继续找柴，回来的时候那壶水已经凉得差不多了。这时，青年变聪明了一些，没有急于点火，而是再次出去找了些柴，由于柴火准备充足，水不一会就烧开了。

智者忽然问他："如果没有足够的柴，你该怎样把水烧开？"

青年想了一会，摇了摇头。

智者说："如果那样，就把水壶里的水倒掉一些！"

青年若有所思地点了点头。

智者接着说："你一开始踌躇满志，树立了太多的目标，就像这个大水壶装了太多水一样，而你又没有足够的柴，所以不能把水烧开。要想把水烧开，你或者倒出一些水，或者先去准备柴！"

青年恍然大悟。回去后，他把计划中所列的目标去掉了许多，只留下最近的几个，同时利用业余时间学习各种专业知识。几年后，他的目标基本上都实现了。

只有删繁就简，从最近的目标开始，才会一步步走向成功；万事挂

怀，只会半途而废。另外，我们只有不断地捡拾"柴"，才能使人生不断
加温，最终让生命沸腾起来。

【人生感悟】

现实生活中的纷繁复杂，常常让我们内心不能平静。物质世界中的各种
欲望，每每摧残着我们的坦然。我们内心的各种欲望不断滋生，就像一颗种
子，在心里生根、发芽，不断成长、壮大，伸展出越来越多的枝枝杈杈。其
实，我们应该学会修剪自己内心的欲望之树，因为人生的幸福与快乐，应该
来源于内心的平静与简约：简约使人快乐，平静让人幸福。

随着人生经历的不断积累，我们可以发现，不论环境的纷繁复杂还是内
心的种种欲望，生活总要归于简单与安宁。由于人的生命只在一呼一吸之
间，所以，与其用生命去追逐欲望，倒不如用呼吸来吐故纳新。吐故就是把
那些污浊的欲望吐出体外，纳新则是把纯净的想法吸收到体内。如此让自己
的思想和身体不断升华，才能为自己获得平静与简约的生活创造心灵的基础。

3. 拥抱希望

汤姆森天生有点缺陷，但并不是很明显。乍一看，人们会发现他和
常人一样，所以一直以来，都没有人发现他身体的畸形。直到他读七年
级时，在上一次手工艺课时，他的这个缺陷才显现了出来。

当时，全班 26 个同学都照着老师的草图做家具，可是老师却发现，
有 25 个同学做出的成品几乎是一模一样的，唯有汤姆森的跟他们的不一
样，所以被视为不合格。刚开始的时候，他想做木工活儿肯定是需要一
定天赋的，或许自己并没有这方面的天赋。

后来，一次偶然的联想，让汤姆森非常震惊。他发现自己做不好木
工活的原因，并非是他缺乏这方面的天赋，而问题就出在他与生俱来的
残疾上。从此以后，汤姆森的内心充满了怨恨，不止一次在心中抱怨：

"上帝为什么要这么对待我呢？为什么我的身体不能够和常人一样？"这个事实成了他的噩梦，每次遇到不顺心的事，他都会浮想，让自己陷入痛苦无法自拔。

就这样，很多年嗖一下就过去了。29岁的汤姆森也已经成家立业了，还生下了一个活泼健康的男孩，并取名叫杰。让他感到幸福的是，杰几乎很完美，一点缺陷也没有。汤姆森知道，作为一个男孩的父亲，他必须要尽到一个做父亲的职责，那就是教会儿子一些手工活：比如做一个小板凳等等。这本是为人父亲的快乐之事，但是，在汤姆森看来，这是他心中的一大痛处。于是，他又开始他抱怨命运对他的不公。

有一次，天真可爱的杰在外面玩耍时，看到邻居家的爸爸在教自己儿子做手工活。于是，他也跑回家中，对自己的父亲说："爸爸，你能教我做小衣柜吗？"汤姆森听后大惊失色，战栗着回答儿子说："儿子，事情是这样的，爸爸不能教你，因为……"

杰瞪大眼睛，似乎等待着父亲告诉他什么可怕的事实，"为什么？""你是不是经常看到那些木匠、建筑工们总是把一支铅笔夹在耳朵后面？"杰点点头，又好奇地盯着爸爸看。"但是，我却不能像他们那样！"汤姆森再次悲伤地抱怨说，"因为我的耳朵向外远远伸出，不能贴近脑袋，总是夹不住铅笔。因为我不是个正常人，所以我不能教你……"

▶【人生感悟】

罗伯·W·怀特是一位知名的心理学家，他在名为《进步的生活：性格自然成长的研究》一书中写道："很多人觉得，自己要通过自我调整来适应周围的环境。而这种观念也容易使人们错误地认为：最完美的人，就应该尽自己的最大努力来适应原来的生活方式、规则以及限制，甚至是屈从于舆论的压力。然而，这样做的后果往往让人迷失了方向，丧失了独立成长、不断创新的潜力。"

对于那些不能正确地认识自己的人，他们在成长的道路上很容易陷入完美主义的误区，把精力过度集中于自己的错误和缺点上，失去了成功和卓越的机会。其实，一个人或者一件艺术品的失败，往往都不是因为缺点，而是因为它没有找到自己的优点。

在文坛巨匠莎士比亚的戏剧中，我们也经常见到历史或者地理上的错误，在著名作家狄更斯的小说里，我们也照样可以发现某些段落存在着瑕疵。但是，这些并没有阻碍他们的作品受到人们的喜爱。因为，人们更在意的是它们的优点而非缺点。所以，想要让自己取得人生上的进步，突破平凡的自我，那么就要学会抛开自己的缺点，努力引导自己发挥自己的长处，展现自己最好的一面。

4. 信仰上帝，同时记得锁门

有一个年轻人，十分虔诚地信仰上帝。每次去教堂礼拜时，他都会向上帝祈祷，许下自己的心愿，直到这个人长出了白头发，他依然坚持着自己年轻时的习惯。

一天，这个虔诚的信徒，在教堂门口遇到了一个年轻人，年轻人问他："这么多年，你一直虔诚地信仰上帝，每次来都会向上帝许下心愿。那么，你的愿望实现了多少呢？"

他回答说："第一年，我许愿，希望我的母亲能够病情好转，但是，六个月后，她永远地离开了我们；第二年，我许愿，希望我能够顺利考入大学，但是，我在考试前突然病倒，与大学无缘；第三年，我许愿，希望自己未来的妻子充满魅力，但是，我娶的妻子很平凡；第四年，我许愿，希望自己能够得到一个儿子，但是，妻子生的却是一个女儿……"

年轻人听了他的话，奇怪地问道："既然你的愿望从没实现过，你为什么还会如此虔诚，每年都来许愿呢？"

这个虔诚的信徒说："我给你说一个故事吧。有一个地方发生了水灾，一个虔诚的教徒因未及时转移而被洪水困住。这个虔诚的教徒相信自己的命运掌握在上帝手中，因此他在这紧急关头不是想办法自救，而是立刻跟上帝祷告，求上帝救他。祷告完之后不久，来了一艘消防队的救生筏，但他不愿意上，而是对前来救他的警察说，我在等上帝来救我。于是救生警察只好无奈地离开。一个小时后，水已经淹到二楼了，他更加虔诚地跟上帝祷告：求上帝救我！水已经淹到二楼了。祷告完不久来了军队派出的橡皮艇，要他赶快上来，但是他仍然坚持上帝会显灵来救他，于是他跟那个要救他的大兵说，我在等上帝来救我。大兵无奈，也只好离去了。又过了一个小时，水越涨越高，他只好爬到屋顶上去，仍然坚持跟上帝祷告，祷告完之后，来了一架救援队派出的直升机，从飞机上抛下救生绳要他赶快上来，但他跟空中的大兵说，我在等上帝来救我。最后他被洪水淹没。死后来到天堂，他质问上帝说：为何我如此虔诚地信仰你，把我的命运交给你，而你却不来救我？上帝却无辜地说：有啊！我派人救了你三次，但你每次都拒绝我的帮助。"

看着年轻人若有所思的样子，他又接着说道："我母亲虽然去世了，但是，在她最后的日子里，他从没恐惧过死亡，临终时，她很满足；我虽然没能考入大学，但是，后来给一个工程师做学生，学到了谋生的本领；我的妻子虽然不漂亮，但是她聪明善良，是我的得力助手；虽然我没有得到儿子，但是我的女儿乖巧可爱，相信有一天，她会找到一个爱她的人。所以，虽然我的愿望没有一个彻底实现，但是，每许一个愿，都是我的一个梦想，它们让我对未来充满希望。而每一次我的愿望落空之后，我都会更加珍惜自己眼前的一切，这样，才能在信仰上帝的同时，不至于失去了自己的方向。"

这个年轻人的名字叫做马库斯，后来，他凭着对梦想的渴望与追求，成为了一家公司的董事长，而这家公司是拥有 775 家分店、15 万名员工、年销售额达 300 亿美元的世界 500 强企业。

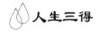

【人生感悟】

古希腊的思想家柏拉图两在千多年前就曾说过"命运是人生中的第一学问"。的确，年轻人行走在生活中，为自己的目标而努力，为理想而奋斗，其实都是试图改变自己的命运，让自己成为命运的主人。但是人不能够为所欲为，在努力的同时应该对一些东西心存敬畏。这样，在我们遭遇挫折时才能够再一次看到希望。

另一方面，西方有一句谚语说："相信上帝，同时要记得锁门。"我们不能够把希望完全寄托在上帝的身上，而应该做到"尽人事，听天命"。也就是说，听天命的前提是要尽人事。如果一味地等待着上帝来安排我们的人生，那么结局恐怕只会与那个洪水中等待上帝拯救自己的信徒无异。

5. 改变命运的砝码

杰克有 8 个兄弟姐妹，他的父亲是加利福尼亚州的黑人佃户。为了生计，杰克 4 岁半就开始工作了，他 8 岁时就学会了赶骡子。一般人看来，他们生活贫穷，这是命运的安排。但是杰克的母亲便不这么想，不认为注定一辈子都这么贫穷，她始终坚信一家人一定能够过上富足而快乐的生活。所以，她经常把儿子抱在膝盖上，向儿子诉说自己的梦想。

"我的孩子，我们不应该这么穷。"她常常这么说，"贫穷不是上帝的旨意。我们之所以贫穷是因为爸爸从来不想追求富裕的生活，家里没有一个胸怀大志的人。"

母亲的话深深地印在杰克的心中，成为了他一生追求卓越的动力。母亲的话最终也改变了他的一生。被母亲的话所感召的杰克一心想跻身富人的行列，于是在追求成功的道路上，他从不懈怠。终于他凭借这自己出色的推销工作有了一定的积蓄。若干年后，他听说有家货运公司即将拍卖，底价为 15 万美元，他就毫不犹豫地同货运公司洽谈收购事宜。

结果在他的说服下，他以 2.5 万美元作为定金，并答应在一周内筹足余款为条件购买了这家公司，但是合同的条件是，如果逾期未补齐余款，定金将会被没收。

在接下来的日子里，杰克想尽一切办法去筹集资金，可是到了最后一晚，依然还差 1 万美元。杰克觉得自己已经想尽一切办法了。眼看明天就快到了，杰克不禁跪在地上，祈祷，请求上帝指引。"谁能在明天天亮之前借我 1 万美元？"杰克反复问自己。他把周围的人又想了一遍，却还是想不出来还有谁能帮助他。时间在一分一秒地流逝，万般无奈的杰克毫无放弃之意，他决定最后一搏。于是他走出房间，开车沿着第 61 街走下去，看看有没有机会。这是已是深夜 11 点，杰克沿着这条街往下去。过了好几个路口，都是漆黑一片，他继续朝前走，终于就在要走到尽头时，他看到一家承包商的办公室里还有灯光。于是杰克飞速下车，心中充满了欣喜，他走了下去，看到那位承包商正在埋头办公，由于熬夜加班，已经疲累不堪。之前，杰克跟这位承包商还有些交往，于是鼓起勇气说："你想不想赚 1000 美元？"问话直截了当。得到的回答也直截了当："想，当然想。""那就借我 1 万元美元，我会外加 1000 美元红利给你。"杰克向这位承包商详细说明了自己整个的投资计划。由于杰克做销售时有着良好的信誉，再加上他周密切实可行的发展计划，这位承包商最终答应借给他 1 万美元。

最后，杰克成功，他不但从接手的公司获得了可观的利润，并且还陆续收购了几家公司，是不相信出身让他由贫穷走上了富裕路。

【人生感悟】

在人生的绝境中，幸存下来的都是没有丢弃希望的人，而壮烈牺牲的往往是已经绝望的人。内心的一丝希望，就像黑夜里的一丝阳光，虽然暂时不足以刺破整个人生的黑暗，但是却可以引领一个人的内心走向最终的光明；而绝望的内心，就像背对着阳光，不论外面的世界多么精彩，绝望的人也只

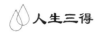

能看见人生无尽的黑暗，看不见阳光。

在人们漫长又短暂的一生中，会面临许多人生的转折，站在命运的十字路口的交界点上，有时我们会不知道如何选择，未知的情况往往会让我们的心中感到莫名的害怕与烦恼。所以，一个拥有智慧的人懂得让自己用积极的心态去面对这个世界，这样，他们才会在不断的成长中越来越乐观，越来越强大，最终迎来扭转命运的光辉时刻。

6. 专注的力量

她叫黛比·弗尔慈，20 世纪 50 年代生于美国加州的一个普通农家。结婚后，作为家庭主妇，面对日益拮据的生活，她想要创立一份属于自己的事业。但做什么呢？一没有雄厚的资金，二没有一技之长。于是，她想到了自己最拿手的就是现烤软饼干，不如就开一家这样的专卖店。

产生这种想法的当天，黛比就去找了她认识的一位行销专家。她之所以找他，是因为他在一家公司担任高级主管，了解市场经济，熟悉市场行情，更重要的是这位专家曾经吃过她做的饼干，对她的饼干赞不绝口。

黛比一见到这位行销专家，就对他说："你一直很喜欢我做的现烤软饼干，现在我想投放市场，你认为怎么样？"

"这根本行不通，没人会买你的现烤软饼干。"行销专家听了黛比的想法之后摇头说道。

听了这位行销专家的话，黛比仍然不死心。这之后还专门请教了不少食品方面的专家，她一定要在自己的饼干行业干出一番事业来。但是，这些专家还没等她说完，就连连摆手，一致表示反对。她知道，他们提出的问题和困难，不论谁创业都会碰到。

不能得到别人的帮助，黛比还是没有灰心，于是，她想到了自己的家人一定会帮助她的。他们经常吃自己做的现烤软饼干，会有更亲身的感受，一定会理解和支持她开饼干店的想法。于是，黛比将自己的想法告诉了自己的家人，但没想到的是，仍然得到同样的答复，她妈妈一听到黛比的想法，就满脸慈爱地说："我不希望你每天站在热得要命的烤箱旁边去卖现烤软饼干，还不知道能不能赚到钱。"而她的婆婆一听，立即提高了声调，对黛比说："那根本行不通。你从没有做过什么生意，家中的这点积蓄投进去，一旦血本无归，你们可怎么生活得下去。"

黛比没想到在自己在家人面前又碰了一鼻子灰。于是，她找到了周围的邻居、同事，逢人便讲自己想开饼干店的想法，想多方征询他们的意见和建议。没想到，他们好像事先商量好的一样，都异口同声告诉她，这主意太怪了，你去做根本不会成功的。

后来，黛比把这一想法告诉给自己最要好的朋友温蒂·马克斯。她想自己最忠实的老朋友即使不怎么支持，也会给她说些令她宽慰的话。想不到温蒂·马克斯一听她的话，马上告诉她："我根本无法想象这点子成功的模样。"

面对大家投来的怀疑眼光，黛比没有选择放弃，1977 年 8 月，她孤注一掷地开了第一家现烤软饼干专卖店。开张当天，黛比的饼干专卖店真的没有迎来一个顾客。在当时，一般人家都会自制饼干，就算要买，大家总是买已包装好的、咬起来脆脆的饼干。难道自己开这种店，真的如人们所说，根本就不可能赚到钱？

在极度沮丧的情况下，黛比想到了采用免费试吃的方法来吸引顾客。于是，她面露笑容地从店里端出一大盘饼干，走到街上请来来往往的行人试吃。在让人们免费试吃的过程中，拉拉家常，交流一下做饼干的心得，创造了一种温馨友善的气氛。时间一长，人们都自愿到她店里购买她做的现烤软饼干，很快就有了回头客。

随后，黛比的饼干专卖店顾客越来越多，规模不断扩大，她想到了

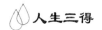

开连锁店，从第一家开到第二家，一直开了几十家。最早的连锁店由她授权本店员工去经营，她自己则专注于饼干的质量管理。后来，她的饼干店越开越多，从美国开到世界各地，已先后在全世界1400多个城市开了饼干连锁店，年营业额逾4亿美金，成为世界最大的"现烤软饼干"店的创办人。

【人生感悟】

在人生的路上，我们会听到各种各样的声音。不论我们想要做什么事情，总是能够听到"那绝不可能"的说法。说这句话的人有时候是陌生路人，有时候专家学者，有时候是我们的朋友亲人。他们会用嘲笑、权威和情感来瓦解我们的斗志。

但是，要想把握自己的命运，就一定要有自己的想法，培养自己积极的心态。因为自己的想法才是掌管人生方向的舵手，是把握命运的动力。而积极心态则是帮助我们乘风破浪的风帆。如果烦恼是生锈的钉子，那么积极的心态就是去除铁锈的润滑剂；如果困难是一把铁锁，那么积极的心态就是打开这把铁锁的钥匙。所以，只有那些真正具备了积极心态的人，才能在自己的人生航行中乘风破浪，最终到达别人没有去过的港口。

7. 小徒弟卖石头

从前，有一个老师父和一个小徒弟共同生活在山上的一座寺庙里。老师父每天都在读书念经，小徒弟每天都在砍柴挑水。

有一天，小徒弟耐不住寂寞了，跑去找老师父："师父，师父，我想读书……"老师父看了看小徒弟，什么话也没有说，回到房间里搬了一块石头出来，说："这样吧，今天你把这块石头拿到山下的集市去卖。但是记住一点：无论别人出多少钱都不要卖。"

小徒弟想不通：为什么让我去卖石头，而且有人买还不许卖？

可是，没有办法，小徒弟只好拿着石头下山了。

在集市里，从清晨到下午，没有一个人来瞧这块石头。

快日落的时候，有个妇女走了过来，看了看石头、又看了看小徒弟，问："小徒弟，你这石头是卖的吗？"

小徒弟说："是啊！"

"这样吧，我出五文钱买你这块石头。因为它的样子很别致，我想买回去在丈夫写字的时候压压纸，这样纸就不容易被风吹走。"

小徒弟想，一块石头能卖五文钱啊！但是，老师父不准他卖啊！所以，小徒弟只好说："不卖，不卖！"

妇女急了："我出六文钱！"

"不卖，不卖！"

妇女没有办法，只好摇摇头走了。

傍晚的时候，小徒弟带着石头回到山上。

老师父问："怎么样？"

小徒弟遗憾地说："师父，今天有个妇女竟然愿意出六文钱买这块石头，但是你说不让我卖，我只好没卖！"

老师父问："你明白了吗？"

小徒弟感觉很奇怪，回答说："不明白啊。"

老师父笑了笑，什么也没说，搬起石头就走了。

小徒弟没有办法，只好继续砍柴。

过了一个月，小徒弟耐不住寂寞了，又来找老师父："师父，师父，我不想砍柴，我想读书！"老师父看了看小徒弟，还是什么也没说，回到房间里搬出那块石头。"这样吧，这次你把这块石头拿到山下的米铺老板那里去卖，但是，你要记住：无论他出多少钱都不要卖。"

小徒弟想不通：还让我去卖石头啊，上次人家出六文钱都没卖！

但是，没有办法，小徒弟还是带着石头下山了。来到米铺店，小徒

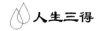

弟见到了米铺老板。

米铺老板拿着那块石头端详了半天说："这样吧！我没有多少钱——我出 500 两银子买你这块石头！"

小徒弟吓了一大跳，一块石头值 500 两银子啊！

米铺老板解释："你不要看它只是一块石头，其实，它是一块化石，我愿意出 500 两银子来买这块石头！"

小徒弟连忙说："不卖，不卖！"抱着石头赶忙回去找老师傅。

见了老师父，说："师父，师父，米铺老板说愿意出 500 两银子来买这块石头，他说这是一块化石。"

老师父问："你明白了？"

小徒弟回答："不明白。"

老师父又是笑笑，什么也没说，把这块石头搬走了。

小徒弟又没办法了，只好再去砍柴。

又过了一个月，小徒弟实在受不了了，就又去找老师父："师父，师父，我想读书，我不想砍柴，也不想卖石头了！"老师父笑着看小徒弟，还是什么也没说，又回到房间里搬出那块石头，说："这次呢，你还是去卖石头。不过，这次是卖给山下珠宝店的老板，还是记住：无论他出多少钱都不要卖！"

小徒弟受不了了：这么贵的一块化石，让我三番五次地拿着去卖，还说人家出多少钱也不卖！可是，看着老师父严肃的样子，小徒弟只好小心翼翼地带着石头下山了。

来到珠宝店门口，他告诉门童，说有块石头带给老板看看。

珠宝店的老板正在睡午觉，听说有一个小徒弟带石头来卖，连忙跃起，奔了出来。看到小徒弟，他连忙把石头拿过来，端详了半天，问小徒弟："这块石头是你的吗？"

小徒弟说："是啊！"

"你是这个山上的小徒弟吗?"

"是啊!"

"是老师父让你来卖的吗?"

"是啊!"

珠宝店老板叹了口气，说："这样吧，我也没有多少钱。我只有三家珠宝店、两家当铺和一些田产，我愿意拿我所有的财产来换这块石头!"

小徒弟吓得"扑通"一声跌倒在地上："这么值钱啊!"

珠宝店老板解释："你不要看它是一块普普通通的石头，其实，它只是外面包裹了一层石头的样子，里面是一块无价的宝玉。就好像古代的'和氏璧'一样，在买开采前只是外表被掩盖了而已。"

小徒弟恍然大悟，抱起石头就飞奔着回山上了。

▶【人生感悟】

同样的一颗石头，或者一文不值，或者值 500 两银子，或者是无价之宝，这完全是取决于人们对于这颗石头的认识。而同一个人，或者一无是处，或者小有作为，或者前途不可限量，则完全取决于自己怎样看待自己的价值。

有时候，人生就像一杯美酒，自卑的人品不出其中的味道；有时候，人生就像一朵鲜花，自卑的人嗅不出其中的芳香；有时候，人生就像一滴泪水，自卑的人看不出其中的寓意。

大千世界，人生百态。人的一生是由色彩交织而成的，有善良的白，沉静的蓝，热情的红，希望的绿和温柔的紫。它们散发出的光彩，则是我们的生命。我们该如何面对人生，是选择快乐还是选择悲伤？是选择自卑还是选择自信？这些都不能让别人去决定，也不能任由命运的摆布，而应该由我们自己来把握!

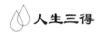

8. 成功的时间

有两个年轻人酷爱画画，其中一个很有绘画的天赋，另一个资质则明显差一些。20 岁的时候，那个很有天赋的年轻人开始沉醉在灯红酒绿之中，整天美酒笙歌醉眼迷离，丢掉了自己的画笔。

而那个资质较差的年轻人则没有丢掉画笔。他虽然生活极为贫困，每天需要打柴、下田劳作，但他始终没有丢掉自己钟爱的画笔，每天回来再晚再累，他都要点亮油灯，伏在破桌上全神贯注地画上一个小时。即使在他做木匠走村串户为别人打制桌椅床柜的时候，他的工具箱里也时刻装着笔墨纸砚，在休息的短暂间隙，行路时在路边稍坐，他都会铺上白纸绘画，甚至以草棍代笔，在泥地上画一通。

40 年后，他成功了，从湖南湘潭一个名不见经传的小镇上的一介木匠，变成了蜚声世界的画坛大师，这个人就是齐白石。

齐白石成功后，曾和他一样酷爱过绘画的那个人到北京来拜访齐白石。不过，他同自称"白石老人"的齐白石一样，已经是个年过六旬的老头了。两个人促膝交谈，齐白石听他慨叹美术创作的艰辛和不易，听他述说对自己从事绘画半途而废的深深惋惜，齐白石微微一笑说："其实成功远不如你想的那么艰辛和遥远，从木艺雕刻匠到绘画大师，仅仅需要 4 年多的时间。"

"只需要 4 年多一点？"那个人一听就愣了。

齐白石拿来一支笔一张纸，伏在桌上给他计算："我从 20 岁开始真正练习绘画，35 岁前一天只能有一个小时绘画的时间，一天一小时，一年 365 天，只有 365 小时，365 小时除以 24，每年绘画的时间是 15 天。20 岁到 35 岁是 15 年，15 年乘以每年的 15 天，这 15 年间绘画的全部时间是 225 天；35 岁到 55 岁的时候，我每天练习绘画的时间是 2 小时，一年共用 730 小时，除以每天 24 小时，折合 31 天，每年 31 天乘以 20 年合计是 620 天；从 55 岁至 60 岁，我每天用于绘画的时间是 10 小时，一年是 3650 小时，折合 152 天，5 年共用 760 天。20 岁到 35 岁之间的 225天，加上 35 岁到 55 岁之间的 620 天，再加上 55 岁到 60 岁时的 760 天。我绘画共用了 1605 天，总折合 4 年零 4 个月。"

4 年零 4 个月，这是齐白石从一个乡村懵懂青年成为一代画坛巨匠的成功时间。很多人对齐白石仅用了 4 年零 4 个月的时间就取得成功很惊愕，但何须惊愕呢？其实成功离我们每个人并不远，成功也不需要太长的时间，只要你坚持，只要你勤奋，成功的阳光便很快就会照射到你忙碌的身影上。

不要害怕成功遥遥无期，成功其实不需要太长的时间，用上你发呆或喝咖啡的时间就足够了。

▶▷【人生感悟】

成功的秘诀其实很浅显，就是耐得住寂寞、经得起考验。但是，这却是一个说起来容易做起来难的事情。也正是因为如此，成功才显得尤为可贵。

另一个故事：从前，有一位养蚌的人有一个梦想，那就是要培育出世界上最美最大的珍珠，于是，他一大早起来就会到沙滩上面去挑选沙粒。他总是会俯下身子，耐心、仔细地询问一颗颗沙粒，问它们是否愿意变成一颗颗美丽的珍珠，然而那些沙粒都要摇头说，那是一个痛苦的过程，它们才不愿意呢！

养蚌之人不停地寻找，直到傍晚，他快要放弃的时候，终于有一颗沙粒答应了他。在旁边的那颗沙粒都嘲笑它，说它简直就是一个大傻瓜，去蚌壳里住，深藏海底很多年，远离亲朋好友不说，还见不到阳光雨露，无法享受到明月清风，而且还缺乏空气，只能够与黑暗、潮湿、寒冷和寂寞为伍，实在是很不值当。

可是，那颗"很傻"的沙粒最终还是无怨无悔地跟养蚌走了。

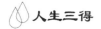
几年过去了，经过痛苦的煎熬，忍受了难耐的寂寞之后，那颗沙粒终于成为了一颗晶莹剔透、价值连城的珍珠，它开始整日周游列国，让人们对它投去赞叹的眼光，赢得了无比的荣耀和尊重。

9. 天才之路

著名的钢琴家克莱德曼素有"钢琴王子"的美誉。一次，他来中国巡演，演出刚一结束，大厅里就排起了长龙。大家都在等待着，向这位"钢琴王子"索要签名留念。

克莱德曼耐心地跟每一个人合影，为他们签名。当一对父子来到克莱德曼面前时，克莱德曼没想到自己还有这么小的"粉丝"。于是就客气地问他们，希望把签名写在哪里。

不料，这位父亲却说："我们不要签名。"大厅里的人群惊诧不已，克莱德曼也很好奇地看着这对父子。那位父亲顿了顿，继续说道："我们不要签名，但是有一个不情之请，我想让我的孩子握一下您的双手，可以吗?"

克莱德曼更加不解这位父亲的举动了，直愣愣地站在那里。这位父亲向克莱德曼深鞠一躬，把自己的儿子拽到身前，接着说道："您是我非常尊敬的钢琴大师。我从小就让我的儿子学习钢琴。这个孩子对钢琴很有悟性，也愿意吃苦。可是，这两年，他接连获奖，每次比赛都拿第一，所以有些飘飘然了。尤其是最近，他到处表演，炫耀琴技，根本没有心思练琴。所以，我今天一是来看您的演出，二是想让孩子明白怎样才算是一个真正的钢琴家。"

克莱德曼听了这位父亲的话，深深地被打动了。他伸出了自己的双手，微笑着对眼前的小男孩说："来吧，孩子，你是好样的。让我给你讲一个音乐天才的故事吧。帕格尼尼的父亲是一个喜欢音乐的商人，在他三岁时，父亲就开始教帕格尼尼如何演奏小提琴，后来又让他师从小提琴家塞尔维托·科斯塔学习。帕格尼尼的天分让父亲很是得意，在他八岁那年他创作了人生的第一首小提琴奏鸣曲，并能演奏小提琴家、作曲家布雷尔的协奏曲。十三岁开始，帕格尼尼在意大利北部旅行演出。1797 年后，他的琴声又遍及法、奥、德、英等欧洲各国。他高超的演奏技巧，曾使在病中的老师罗拉跳下病榻，自愧无颜为师。法国著名小提琴家罗多尔夫·克罗采听了帕格尼尼的演奏，也为他惊人的技巧而目瞪口呆。人们曾经把帕格尼尼的演奏称作恶魔的演奏。1800 年，帕格尼尼已经在音乐界拥有了一席之地，无论去哪里演出都受到贵族的热烈欢迎。但帕格尼尼在艺术上取得成就的同时，却也备受疾病的折磨。他从小就被病魔缠身，一生中几度死里逃生。四十六岁那年，他的牙床突然长满脓疮，只好拔掉几乎所有的牙齿。牙病初愈，他的眼睛却又受到感染，几乎失明。于是幼小的儿子成了他的"拐杖"。1828 年以后，他的演出越来越少。五十岁的帕格尼尼身患多种疾病，关节炎、肠道炎、咽喉癌等不断侵袭他，后来他无法说话，只能靠儿子看他的口型帮助他与人沟通。可以说他的一生充满了波折，但他之所以有那样的成就，是因为他的坚强让他在逆境而崛起，成为伟大的音乐家。"

看着这双与钢琴打了半辈子交道的大手，小男孩颤抖着伸出了自己的那双小手，在和克莱德曼的十指接触的瞬间，他摸到了克莱德曼指头上厚厚的老茧。小男孩仿佛被电到了一般，他那双小手久久悬在空中，双眼痴痴地望着这位"钢琴王子"，嘴里不停地念叨着："钢琴家，钢琴家……"

此后，这个曾经骄傲的小男孩开始苦心练琴，他再也没有自满过，而是每天坐在钢琴面前苦苦打磨着自己的天赋，最终成为了中国的"钢琴王子"。他就是现在著名的钢琴家——郎朗。

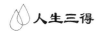

【人生感悟】

　　每一只漂亮的蝴蝶，都要经过破茧的挣扎，才能拥有炫目的色彩；人生也是如此，光环的背后是痛苦的蜕变，成长便是被汗水沾满的翅膀。人生潮起潮落，年轻人要明白，逆境不过是人生中暂时出现的"落潮"。当你身陷逆境时，不必怨天尤人，应该冷静理智地对待。

　　国外有名言说"笨蛋才会给自己制造逆境，而聪明的人则会扭转逆境"。逆境并不是凭空出现的，而是每个人自己选择的结果，因为在成为天才的路上从来都是布满荆棘和挑战的。科学家贝佛里奇说过："最出色的工作往往是人们在逆境中做出的。思想的压力，肉体的痛苦，都是人生的兴奋剂。"是的，逆境并不可怕，而是命运对于成功者的一次洗礼。

10. 用一只胳膊鼓掌

　　有一个黑人女孩，从小患有小儿麻痹，所以每天坐在轮椅里。由于不像其他孩子那样，有一个正常的身体和童年，她每天生活在自卑里。她拒绝跟所有人交往，唯一的例外，就是邻居家那个只有一只胳膊的老人。老人在战争中失去一只胳膊，和小女孩同病相怜。所不同的是，老人非常乐观，经常讲一些有趣的故事给女孩听。

　　一天，在老人的怂恿下，一老一小两个来到了他们附近的一所幼儿园。老人用轮椅推小女孩，他们俩同时被操场上孩子们的歌声吸引了。孩子们稚气的和声格外能够打动人心，一曲终了，老人对轮椅里的女孩说："让我们一起为他们鼓掌吧！"

　　女孩吃惊地看着老人，问道："我的胳膊动不了，而你只有一只胳膊，我们怎么鼓掌啊？"

　　老人对她笑了笑，解开了衬衣扣子，露出自己胸膛，用手掌在上面用力地拍着，顿时发出了啪啪的掌声。老人对轮椅里的女孩说："你看，只要努力，一只巴掌也可以拍响。所以，你也可以通过自己的努力站起来的!"

女孩被老人的举动感到得泪流满面，身体了涌动起一股暖流。从那之后，她开始积极配合医生的治疗，坚持每天做运动；父母不在时，她扔开支架，试着走路。

蜕变是痛苦的，这痛苦牵扯到筋骨，一直渗透到骨髓里。但是她咬牙坚持着，因为她相信自己能够像其他孩子一样行走，奔跑。

功夫不负有心人，在女孩 11 岁的时候，她终于扔掉了支架，可以像正常人一样行走。但是她没有停下自强的脚步，而是开始尝试田径运动。

1960 年，当年那个坐在轮椅里的女孩参加了罗马奥运会女子 100 米的决赛。当她以 11 秒 18 的成绩第一个撞线后，看台上的观众纷纷起立，为她鼓掌喝彩，齐声喊着这个美国黑人的名字：威尔玛·鲁道夫。

那一届奥运会上，威尔玛·鲁道夫成为当时世界上跑得最快的女人，她共摘取了 3 枚金牌，也是奥运史上第一个黑人女子百米冠军。

▶【人生感悟】

有人说，人生的命运就好似一个雕像，而磨难则犹如一把锋利的雕刻刀，人则是用这把刀来刻画命运的雕塑家。一尊好的雕像的诞生，必须要经过磨难的洗礼，更需要雕塑家坚毅和自信的内在性格作支撑。

故事中的老人，用自己的一只手臂拆掉了女孩心中的自卑之墙，所以才有了奥运史上的威尔玛·鲁道夫。一个患有小儿麻痹的孩子尚且能够通过努力成为奥运冠军，那些身体健康的孩子们又怎能够屈服在人生的苦难之下呢？生活是一望无际的大海，人是航行海上的小舟。大海没有风平浪静，小舟也不会一路顺风。其实，生活没有绝对完美，有挫折有困苦才是真实的生活。生活中如果只有幸福、快乐，没有苦难、悲伤，这样的生活至少不是人的生活。企图只去选择享乐和满足的生活，只能带来愚昧和野蛮。

现实中，谁也无法保证自己的成功之路一帆风顺。但是我们可以告诉自己在遇到困难的时候，一定不要被自卑压垮，而是要找回自己心灵深处的自信。如果每一个人都能够战胜自卑，让自己变得足够强大，那么困难就会因为自信而变成他们脚下成功的基石，铺成一条通往成功的大道。

11. 选择比努力重要

有一位非常勤奋的青年，在人生的起步阶段，很想在各个方面比周围的人强。经过多年的努力，仍旧没有长进。于是，苦恼万分，就向智者请教。

智者叫来自己的三个弟子，并嘱咐说："你们带这位主人到山里去，打一担自己最满意的柴火回来。"三位弟子就带着这位年轻人穿过湍急的江河，直达山里。

等到他们每个人砍完柴返回的时候，智者正在原地迎接他们：年轻人满头大汗，气喘吁吁地扛着两捆柴，蹒跚而来；两个弟子一前一后，前面的弟子用扁担左右各挑四捆柴，后面的弟子轻松地跟着。这个时候从江面驶来一个木筏，上面载着小弟子和八捆柴火，停在智者的最前面。

年轻人与两个先到的弟子，相互看了一下，沉默不语；唯独那位划木筏的弟子，与智者坦荡相对。智者见状，问道："怎么啦，你们对自己的表现不满意吗？"

"大师，让我们再砍一次吧！"那位年轻人这样请求道，"我刚开始就砍了六捆，但是扛到半路，就扛不动了，于是就扔了两捆；又走了一会儿，还是压得喘不过气来，又扔掉了两捆；最后，我就把这两捆都扛回来了。但是，大师，我真的很努力了。"

"我和他恰恰相反。"那位大弟子说道："刚开始，我俩各砍两捆，将四捆一前一后地挂在扁担上面，就跟着这位施主走。我与师弟就轮着担柴，不但不觉得劳累，反而觉得很轻松了许多。最终，又把年轻人丢弃的柴挑了回来。"

划木筏的小弟子接过话，说，"我个子太矮小，力气太小，别说一次担两捆，就是一捆，这么远的路也挑不回来的。所以，我选择走水路，一次就运了八捆……"

智者用智慧的眼光打量着三位弟子，然后，走到年轻人面前，拍着他的肩膀，语重心长地说道："一个人要走自己的路，本身是没有错，关键是怎么走；走自己的路，让别人说，也没有错，关键是走的路是否正确。年轻人，你要记住：选择永远比努力重要。"

▶【人生感悟】

河流要想流向大海，必须懂得弯曲；人生要想渡过难关，必须换个思路。生活的环境充满了不确定因素，我们在坚持目标、执着努力的同时，还要学会修正方向、随机应变以寻找出路。

通往成功的道路或许有无数条，但对我们来说，生命是条单行线，没有岁月可以回头，我们也不可能推翻结局重新来过。所以，在人生的起步阶段，在确定人生方向之前，一定要静下心来，好好地思索一番，我们的选择是否是正确的，这样才能防止自己在人生的尽头发出"我猜到了开头，却猜不到结局"的感叹。

很多时候，常识和规则给我们带来方便。但是，遇到困境和难题的时候，带我们找到出路的往往不是对规则的遵循，而是对规则的突破。只有懂得随时转变方向，我们才能最终到达既定的目标。

12.　守住自己的梦想

曾经有一个意大利小男孩，他已经 10 岁了，但是家里没钱送他去学校读书，他只能在那波里的一家工厂做童工。小男孩一直有一个梦想，就是成为意大利最著名的歌星。

后来，小男孩终于如愿以偿地进入了音乐学院，可是，当他以为自己的歌星梦就要成真的时候，他的第一位老师却给了他致命的打击，老师对他说："你五音不全，根本就不是唱歌的料。我听着你唱的歌简直就像是风在吹百叶窗一样刺耳。"

受到打击的小男孩回到家里后，伤心地向他的母亲哭诉自己在学校里遇到的一切。可惜她的母亲只是一位贫穷的农妇，她既没有独立教导孩子的能力，又没有找老师理论的勇气。她只是用手搂着自己的儿子，并轻轻地对他说："我的孩子，其实我们都知道你是很有音乐才能的。不信你就唱一首歌来听一听吧，你今天的歌声比起昨天的来已经好多了。只要你不断地这样进步下去，妈妈相信你一定会成为一个出色的歌唱家的。"听了母亲的话，小男孩的心情好多了，但是，仍然有很多来自外界的打击让小男孩开始怀疑自己。后来，他的老师给他讲述了这样一个故事：

一次作文课上，老师要求学生们以"我的理想"为题，写一篇作文。一个学生听了老师的题目之后，飞快地在他的本子上写着：他的梦想是拥有一座广阔的庄园，庄园里种满了世界各地的珍奇植物，树下绿草如茵。草地上是一座座别致的小屋，里面的娱乐设施一应俱全，是给客人们的休闲旅馆。他要邀请全国各地的游客前来参观，与他们一起分享自己的庄园。

当老师看了这个学生的作文之后，给他批了一个不及格，同时要求他重写。学生拿着自己的作文，满怀委屈地去请教老师，自己有什么地方不对。

老师对他说："我要你们写作文的目的，是为了帮你们规划自己的未来。可是你写的理想，毫无实际科研，简直就是白日做梦。如果你能够回去换一个切合实际的梦想，我可以给你一个合理的分数。"

学生拒绝改变自己的梦想，对老师说："老师，这篇作文所写的，就是我的梦想!"

老师摇头说道:"如果你不重写,我只能给你一个不及格的分数,你要想清楚。"

学生仍然不肯妥协,坚定地说:"我很清楚,这就是我的梦想。"

三十年后,这位老师带着自己的学生到一处度假胜地旅行,他们在当地的一个庄园里尽情地享受着如茵的绿草,欣赏着珍奇的植物。一名中年人向他走来,告诉他们,晚上可以住在这里,那些精致的公寓都是免费对游人开放的休闲旅馆。

老师盯着这个中年人,似乎想起了什么。于是中年人告诉这位老师,自己正是当年那个作文不及格的学生。如今,他已正是这片度假庄园的主人。

老师望着这位当年的学生,不禁泪流满面,感叹道:"几十年来我不知改掉了多少学生的梦想。而你,是唯一坚持了自己的梦想,没有被我改掉的一个。"

听了老师的故事之后,小男孩又找回了自己成为歌唱家的梦想,并坚持不懈地练习着怎样让自己的歌声听起来更加动人。

终于有一天,男孩的梦想实现了,他成了那个时代著名的歌剧演唱家。人们经常在报纸上看到他的名字:恩瑞哥·卡罗素。当他回忆起自己的成功之路时,他说道:"我之所以能够有今天的成绩,完全是母亲当年那句肯定的话。"

▶【人生感悟】

人生因为梦想而精彩,梦想因为坚持而实现。当我们对这个世界说出我们的梦想时,有时也许会听到嘲笑和反对的声音,如果我们此时放弃,那就只会让自己永远活在平庸里了。

由于梦想只是属于少数人的,当我们为了自己的梦想而坚持的时候,一定会有人用他们平庸的想法来反对,提出各种各样的质疑。也就是说,只有坚定的人，才能最终实现自己的梦想。所以，要实现自己的梦想，先要能够经得起别人的打击。连一点打击都承受不住的人，一切都免谈了。所有的梦想，在一开始的时候，都只存在于脑海中，我们不能因为别人看不见而自己放弃努力。只有坚持不断地浇灌，我们的梦想才会有开花结果的一天。

Part 6 取财之道：
用"心"创造，以"智"获取

　　所谓的财富，简单来说就是一个人拥有衣食住行等保障正常生存的物质和心灵的自由自在。其中又以健康的心为重点，它左右着人们的物质条件，还左右着人们的行为。财富还包括一个人言语的重量、名和利等。这些方面总括起来，就是佛教所说的资粮。正所谓："万法唯心造"，人类思想的创造力非常强大，把思想的力量综合统一起来，能够创造出许多事物。这种说法也同样适用于财富的获取。

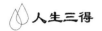

1. 不同的"偷"之道

古时候，有这样两户人家，一家是齐国人，姓国，极其富有；一家是宋国人，姓向，十分贫困。姓向的听说姓国的很有生财之道，便专程来到齐国，向姓国的请教致富的法子。

姓国的告诉他："我的生财之道就是我很善于偷"。这样，我只用了一年的时间就有了吃穿；两年下来我便相当富裕；三年过后，我的土地成片、粮食满仓，我成了这里的大户。从那时起，我便向乡邻施舍财务，大家都得到了我的好处。"

姓向的听说"偷"能让人致富，听后如获珍宝，从此姓向的就走上了偷这条道理。他以为姓国的所说的"偷"就是到处翻墙越瓦，进入人家的院落，凿开人家的房间，凡事眼睛能看到的，手能碰到的，就都可以拿走归自己所有。于是他回家以后，到处偷窃，心想这样我很快就可以富甲一方了。可是，没过多久，他因官府从家中查出了赃物而判罪。姓向的人不但被清退了全部赃物，而且被判罚没收他多年来积累的所有家当。

姓向的把自己的失败归咎于受了姓国的欺骗，于是气冲冲地跑到齐国去跟姓国的理论，指责他说："你骗我，你说偷可以致富，那为什么我去偷就犯了法呢？"

姓国的听了哈哈大笑，说："你是怎么去偷的呀？"

姓向的把自己翻墙越瓦、打洞偷盗人家财产的经过讲给姓国的听了，姓国的又好气又好笑地对他说："咳，你真是太糊涂了！你根本没弄清楚我所说的'善于偷盗'是什么意思。现在让你来好好地讲给你听，我所说的'偷'不是叫你去偷盗……"

"那是什么？"姓向的还没等姓国的说完，便打断了他的话。

姓国的继续说道："人们常说天有四季变化，地有丰富的出产，我偷的就是天时地利呀。雨水雾露，山林特长，河湖责地养殖可以使你的庄稼长得非常好，房屋建得非常美。我在陆地上能"偷"到飞禽走兽，在河湖浅滩等有水的地方能"偷"到鱼虾龟鳖。无论是庄稼和土木还是飞禽走兽和鱼虾龟鳖，这些东西都是大自然的产物，并不是我原本所以的。我依靠自己的辛勤劳动，向大自然"偷取"财富，当然不会有罪过，也不会有灾祸。可是，那些金银珠宝、珍珠宝贝、粮食布匹，却是别人通过辛勤劳动积累起来的财富，你用不劳而获的手段去占有别人的劳动成果就是犯罪。你因偷盗而受到了衙门的处罚，那又能怪谁呢？"

姓向的听了姓国的这番话，恍然大悟，才知道姓国所说的"偷"不是用非法手段去偷盗，走"捷径"去攫取别人的劳动成果使自己致富，而是通过自己的辛勤劳动去向大自然"偷取"、创造财富。

明白了这一切之后，姓向的感到非常惭愧，低下头一句话也说不出来。

▶【人生感悟】

人生有四说：奋斗说，人生就是逆流而上的风帆；挫折说，人生就是坎坷曲折的山路；苦难说，人生就是卧薪尝胆的信念；勤劳说，人生就是辛勤耕耘的劳作。对于勤劳的人，造物主总是给他最高的荣誉和奖赏；而那些懒惰的人，造物主不会给他们任何礼物。人人都在追求财富，但实现财富梦想却没有捷径。明智的人懂得如何用辛勤劳动、用自己的双手去向大自然"偷取"、创造财富；愚蠢的人才会想到用非法手段，走"捷径"去攫取别人的劳动成果，或是存在一些取巧、碰运气的心态，这种人，自始至终也不会致富。

天下没有不劳而获的东西。追求财富的路上，虽说会有很多方法，但真正积累财富的秘诀就是勤劳，唯有勤劳才是致富永恒不变的法则，也是唯一的法则。通往财富的路上，从来没有限定过谁可以谁不可以，无论你是白手起家，还是腰缠万贯，只要勤劳，就一定能获得上帝的奖赏。

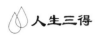

2."借"财生财

希尔顿，当今世界遍地林立、高耸入云、富丽堂皇的希尔顿五星大酒店创始人。他是一位曾经控制美国经济十大阀门之一的犹太商人，被业界尊称为"酒店帝王"。对于他的传奇，人们有太多津津乐道的故事，但是人们无论如何也不会想到，他打算创建第一家"希尔顿酒店"的时候，兜里只有区区5000美元。然而，从5000美元到身价5.7亿美元的富翁，他只用了短短的17年时间，改变他这一局势的秘诀就是"借"财之道：借他人之资源，通过巧妙地运作，不断地让资源增值，最终成为全部资源的主人。

年轻时候由于家庭贫困，便特别想发财，可以一直找不到门路。一次，他正在达拉斯街上转悠，突然发现整个繁华的商业区居然没有一家像样的酒店。顿时，一个奇妙的想法出他脑海中奔了出来："我何不在这里找一块合适地，开一家高档酒店，生意准好。"主意已定，他便开始考察起来，查清楚了这块的主人是一个叫老德米克的房地产商人，并且知道他很有钱，于是就去找他。老德米克告诉他，想买这块地至少要30万美元。希尔顿便没有立即答复他，而是暗地里请来了建筑设计师和房地产评估师给他的"酒店"进行规划测算。建筑师告诉他建这样酒店起码需要100万美元。希尔顿最终还是决定拿下这块地。

当时，希尔顿全部家当只有5000元，如何去筹够剩下的钱。他没有灰心，而是用这仅有的5000美元作为定金，买下了一家名为"莫布利"的旅馆。经过一番讨价还价后，卖主最后同意以4万美元出售，希尔顿立即四处借钱，终于在截止期限前几分钟，将钱全部送到。希尔顿开始了自己的创业梦想。不久后，他便有了5万美元的积蓄，然后他找了一个朋友，请他出资，两人共筹齐了10万美元，开始了建设大酒店的宏伟工程。

　　第一步，希尔顿找到老德米克，同意以 30 万美元买下那块地皮。就在老德米克等着希尔顿如期付款的时候，希尔顿来到他面前说："我想买下你的土地，打算建造一座豪华酒店，但是，我现在的家当，只够建立一所普通的酒店，所以我现在不能买你的地，只想租借你的地。"老德米克听后火冒三丈，不愿意和希尔顿合作。希尔顿非常认真地说："如果我可以租借你的土地的话，我的租期为 100 年，分期付款，每年的租金为 3 万美元，你还可以保留土地所有权。如果我不能按期付款，那么你可以收回你的土地以及在这块土地上我建造的酒店。"老德米克一听，转怒为喜，心想：世界上有这样的好事，虽然 30 万美元的土地出让费暂时拿不到，却能多得 270 万美元的未来收益和自己土地的所有权，还有可能包括土地上的已开建的酒店。"于是，这笔交易谈成了，他们签订了合同。就在这样，希尔顿以 3 万美元就拿下了那块价值 30 万美元的土地使用权。此时，希尔顿手中仅剩 7 万美元，还不能开工。

　　第二步，希尔顿又找到老德米克，"开工建酒店的钱还不够，我想以土地作为抵押去贷款，希望你能同意。"老德米克非常生气，可是想到 270 万美元的诱惑，他只好同意了。希尔顿从银行顺利贷款获得了 30 万美元，他一共有了 37 万美元。他又找到一个土地开发商，请求他一起开发这个酒店，这个开发商同意出资 20 万美元。这样他的资金就达到了 57 万美元。在资金缺口不太大的情况下，希尔顿酒店开工了。希尔顿对资金的短缺心知肚明，当酒店建到一半时，他的 57 万美元已经全部用光。

　　第三步，希尔顿又来找老德米克，如实介绍了资金上的困难，希望老德米克能出资，把建了一半的酒店继续完成。他说："如果酒店完工，这座豪华雄伟的大酒店就归您所有了。我的条件是，您应该把大酒店租赁给我经营，我每年付给您的租金最低不少于 10 万美元。"此时的老德米克已经深陷在利益的泥淖中不得抽身，精明的他经过仔细盘算，觉得这笔账很划得来。土地还在自己手上，把希尔顿交来 3 万美元的租金拿出来，自己再出 40 万美元，那么价值 100 万美元的大酒店就归自己了。交给希尔顿经营，4 年就可以收回自己的全部投资，以后就是稳赚不赔了。于是老德米克同意出资继续完成剩下的工程。3 个月后，以希尔顿名字命名的大酒店终于建成开业了。从此，希尔顿的人生步入了辉煌时期。

【人生感悟】

犹太圣经《塔木德》中说："没有能力买鞋子时，可以借别人的，这样比赤脚走得快。"借他人的"钱袋"、"脑袋"，借他人的资源、财富，发自己的财，是犹太商人的"借"财之道。古之借风腾云、借力打力、借鸡生蛋，无不是讲究一个"借"字，讲究借助外部力量而求得发展。

3. 十亿财富的背后

可以说她不漂亮，甚至在美国她是饱受歧视的。她从小生活在贫民窟，她还是一个黑人。但就是这样，使她成为了当今世界上最具有影响力的妇女之一，个人坐拥 10 亿美金的财富，50 位全美女强人《财富》排行榜她高居第 26 名。这个万众瞩目的她就是美国脱口秀女王奥普拉·温弗瑞。

从一个在贫民窟长大的黑人女孩跃之为美国最受欢迎的女人之一，她成功的背后，除了努力还有无比的辛酸和更加无比的辛酸。奥普拉出生时，他的父亲还在服兵役，她妈妈把生她在密西西比的一个小镇，她是一个私生女。因为没有父亲的照顾，当时奥普拉的母亲只能靠干一些粗俗的杂活来养活着她，但是始终解决不了问题，于是便将奥普拉交给了祖母，母亲一人前往别的州去谋生计。

就这样，小小年纪的奥普拉跟着祖母在又脏又乱的农场里度过了童年。灾难降临在了她的头上，鱼龙混杂，社会治安不稳定的美国，奥普拉 9 岁的时候不幸遭到了强奸。可是灾难并没有就此罢休。14 岁的她因为和男友同居又生了一个孩子，孩子一出生便夭折，男友漠不关心，小小年纪的奥普拉在这双重打击下变得自暴自弃。从此走上了与流氓厮混、打架、偷钱等不正当道路。母亲看着女儿这般堕落，无奈只好打电话给她正在当兵的父亲，让她父亲管教她。

可以说奥普拉的父亲是她人生的庇护者，是她的父亲挽救了她。奥普拉被父亲接走后，每天被父亲要求背诵 20 个单词，完不成就不给饭吃。或许因为父亲是军人的原因，对于纪律和细节要求非常认真。奥普拉被父亲送进了学校，每天除了单词背诵，还特地给奥普拉量身定做了教育大纲，从此以后奥普拉每天的生活就是读书，除了读书还是读书。就这样，"逼迫"着奥普拉使她彻头彻尾的改头换面。在学校的朗读比赛中，奥普拉竟然还获了奖，这是她从来没有想过的。在一次近万人的校园演讲比赛中，奥普拉凭着一短篇关于黑人法律的演讲一鸣惊人，获得了 1000 美金的奖励。这让她大为诧异，原来靠嘴巴说话能赚这么多钱。从这以后，奥普拉像是找到了人生目标，开始了奋斗的路程。

接着，奥普拉进了大学，彻底告别了此前混沌的日子。在大学一年级的时候她参加了田纳西州小姐大赛，外貌并不占优势的奥普拉凭着自身无可替代的演说与亲和力，使她最终摘得桂冠。CBC 电台为她提供了一个专属的职位，这让她的老师和同学羡慕不已。

在她的新闻播出期间，她的父亲总是一位严厉的挑剔者。就这样，在奥普拉自己不断的努力下和父亲的督促下，奥普拉在短短几年的大学期间已经赚得 15000 美元的年薪。其实，这时的她就已然一个成功者的模样了。

不得不说奥普拉是个感性的人，但她在报道一些善于影响情绪的新闻时，奥普拉总是忍不住经常掉眼泪，脆弱的敏感成为了一个新闻播报员的弱点。电台经理对奥普拉的感性并不看好，他认为一个新闻播报员应该只是一个旁观者。加上她对奥普拉的外貌不看好，就这样，奥普拉不再播新闻了，这让她感到非常痛苦。

几个月后，奥普拉离开了这个岗位，开始着手主持另外一档节目。在这里奥普拉的随性和自由得到了充分发挥，由于很快得到听众的共识和首肯，台里又让她去和另外一位主持人共同主持了其他节目。没有让听众失望的奥普拉，在这个新节目里，深刻抓到了听众的心，创造了空前的收视率，这引起了美国某家大型电台的注意。他们聘请奥普拉做一个收视率不高的节目主持人，他们认为能救活这档节目的非奥普拉莫属。

1个月，仅仅1个月，我们的好姑娘奥普拉，只用了一个月的时间便打败了这个节目长达10年的有力竞争者。奥普拉像一颗炸弹球一样，为这家电台带来了前所未有的收视高潮。

直至今日，奥普拉已经成为了一个品牌，一个美国的象征。

▶【人生感悟】

金钱是我们生活的基本保障，很多人把财富作为自己的人生追求，这并没有什么不对。但需要注意的是：只有靠自己双手挣的钱才能被称为属于自己的财富。很多人总是想得很多，做得很少，最后就在碌碌无为中过完了自己的一生，到头来只收获了无尽的悔恨。

对此，股神巴菲特曾经说过：我们之所以要努力工作，因为工作是赢得自尊的最可靠途径，并且是唯一的途径。而我们之所以要努力奋斗，因为它可以激发我们自身的潜能，让我们认清自我，告诉自己可以为他人奉献什么，能够做出什么样的成就。

4.　致富的道路

一位 16 岁的少年来到巴黎寻梦，他的理想是成为一名舞蹈家。

当时，舞蹈是一个热门行业，也是一门贵族艺术。少年家里穷，根本无钱供他上舞蹈学校。少年不死心，每天据理力争，甚至以绝食相抗。父亲没有办法，只好跟他签了个君子协定：允许他夜晚进舞蹈学校学习，但白天必须自力更生，想办法赚到学费及生活费。

少年没有别的特长，只是从小跟父母学到一点儿裁缝活儿，勉强找到了一家缝衣店，但工资极低，而且劳动强度大，每天要工作十多个小时。三个月后，疲惫不堪的少年感到了绝望，就给当时心目中的偶像、人称"芭蕾音乐之父"的布德里教授去了一封信，请求指点迷津。

布德里非常同情少年的遭遇，但学习舞蹈不光需要天赋、爱好，还需要家境、环境等因素的支持，光凭一腔热情和信念是远远不够的。很快，布德里给少年回了信，为他全面分析了学舞蹈的条件，同时启发他，舞蹈可以当成生命的一部分，但不能是全部。

布德里的回信对少年启发很大，他决定先找到一条适合自己的生存之路，待时机成熟之后，再转攻舞蹈。可这条路在哪儿呢？一个夜晚，少年来到一家酒吧喝闷酒，这时，一位仪态高雅的伯爵夫人向他走来，摸着他身上的衣服，赞不绝口，问他是从哪儿买的。当听说它是少年自己设计制作的时，伯爵夫人惊讶万分："我有预感，孩子，你将来一定会成为一个百万富翁的！"

那一刻，少年忽然发现：最适合自己的生存方式就是缝衣服。这是自己所熟悉的，也是最现实的，尽管这个行业曾经给自己带来过迷茫和痛苦。当下，他通过伯爵夫人，与巴黎最有名的伯坎女式时装店取得联系。凭着从事舞蹈行业得来的灵感以及设计上的天赋，少年从此走上了一条时装设计的道路。10 年之后，少年的身份，已变成举世闻名的服装设计巨匠。他就是皮尔·卡丹。

【人生感悟】

致富的道路从来都是不确定的，只要不通过违背法律和道德的手段，任何一种致富方法都是值得我们研究的。但是，每个人的精力和时间是有限的，当你在人生十字路口迷失方向的时候，记住，选择最熟悉、最现实的一条，往往就是你通往财富的捷径。

每个人都是上帝的孩子，所以上帝在创造每个孩子的时候都给了他们与众不同的天赋。要想得到财富和命运的青睐，那么首先就要找到自己的与众不同。用自己的天赋去获取命运的财富，无疑是每个人致富的捷径。

5. 五只抽屉

曾经有一个对生活感到万分失望的年轻人，他觉得自己一无所有，而且活着是一种折磨，所以他决定结束自己的生命。于是，他就来到了山顶的悬崖边，准备跳下去。正在这时，一位上山采药的老人劝阻了他。

"年轻人，你有什么想不开的，要结束自己年轻的生命啊?"老人问道。

这个年轻人叹了一口气，沮丧地说："我觉得活着没有一点意义，我家徒四壁，一事无成。大家都看不起我，我感觉不到一丝快乐和幸福。"

老人笑了笑，问道："生活中，就没有什么让你感到有兴趣的事情吗?"

年轻人摇摇头。

老人又笑着问："年轻人，几年前我也和你一样觉得活着没有意义，不但身无分文，老婆离我而去，女儿不孝顺。可是有一位大师问了我一个问题，找到答案的我突然变得越来越开心了。"

年轻人好奇地问："那位大师问的是什么问题？"

老人说："假如你手中有 5 只带锁的抽屉，分别贴着财富、兴趣、幸福、荣誉、成功 5 个标签，而你只能带一把钥匙，并把其中的 4 把锁在抽屉里，那你会带哪一把钥匙？其他的 4 把锁在哪一只或哪几只抽屉里？"

年轻人想都没有想就说："我选兴趣。"

老人笑了一下，说："年轻人，只有你最感兴趣的事物上，你才能找出生活的意义啊！"

听完老人的话，年轻人顿悟，打消了自杀的念头。后来，他不但变得一天比一天快乐，还找到自己最喜欢做的事情，成了远近闻名的木匠，慕名而来的人越来越多，他的收入也与日俱增。没过几年，这个曾经一无所有的年轻人就成了远近闻名的富翁。当年轻人向他请教致富的秘密时，他总会反问对方："假如你手中有 5 只带锁的抽屉，分别贴着财富、兴趣、幸福、荣誉、成功 5 个标签，而你只能带一把钥匙，并把其中的 4 把锁在抽屉里，那你会带哪一把钥匙？其他的 4 把锁在哪一只或哪几只抽屉里？"

【人生感悟】

比尔·盖茨还在哈佛上大学的时候，美国著名老牌计算机公司 "Apple" 制造出了世界上第一台个人电脑。这个消息激发了比尔·盖茨的全部激情，他决定从哈佛大学退学，把所有的时间都投入对这台个人计算机的研究中。比尔·盖茨抓住了这个百年不遇的机会，加上他的努力，终于走向成功的彼岸，成为大家心中的偶像。

今天，我们分析这位世界首富的成功原因时可能会得到各种各样的答案，但是最重要的一点就是他选择了自己感兴趣的事情，并一直坚持。而兴趣就是人生中获得财富最重要的一只抽屉。

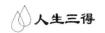
6. "发现"财富的眼光

布朗，一个出生在美国阿拉斯加州一个贫民窟里的孩子，他和其他出生在贫民窟里的孩子一样喜欢争强好胜。但与众不同的是，布朗从小就有一种发现财富的非凡眼光：他会把从一辆从垃圾堆里捡来的玩具车修好后，以每人收取0.5美分的形式供同学们玩。在一个星期内竟然赚回一辆崭新的玩具车。

布朗的老师深感惋惜地对他说："如果你是富人家的孩子，长大后一定会成为一个出色的商人。但是，这对你来说是不可能的，你能够成为街头小贩就不错了。"

布朗中学毕业后，正如他老师所说，他真的成为了一名街头小商贩。他卖电池、小五金、柠檬水，每一样他都经营得得心应手，与一起长大的贫民窟里的孩子相比，他已经可以算是出人头地了。

但是他的老师的预言也不全对，他并不是只能成为一名街头小贩。布朗靠一批丝绸起家，从街头小商贩成为了一名商人。

事情是这样的：

那批丝绸来自日本，数量足有1吨之多，因为在运输过程中，突遭风暴，这些丝绸被染料浸染了。如何处理这些被浸染的丝绸，成了日本商人最头疼的事情。他们想把它卖掉，却无人问津；想运出港口仍了，又怕被环境部门处罚。于是，日本商人打算在回程的路上把这些丝绸抛到大海里。

海港有一个地下酒吧，布朗经常去酒吧消遣。那天，布朗喝醉了。当他步履蹒跚地走过几位日本海员身边时，海员们正与酒吧的服务声服务生说那些令人讨厌的丝绸。说者无心，听者有意，他感到机会来了。

第二天，布朗来到轮船上，用手指着停靠在码头的一辆卡车对日本商人说："我可以帮你们处理掉这些没用的丝绸。"结果，他没花一分钱就得到了这些被浸染过的丝绸。然后，他想出一些法子，把这些丝绸制成迷彩服装、迷彩领带和迷彩帽子。这些商品一上市就被销售一空。几乎一夜之间，他拥有了10万美元的财富。

此后，他又用这10万美元购置了一块比较偏僻的地皮。地皮的主人拿到这10万美元后，心里还在嘲笑他："这样偏僻的地段，只有傻子才会出这么高的价钱。"

令人想不到的是，一年后，市政府宣布在郊外建环城公路。布朗的这块地皮一夜之间也升职了100多倍。城里的一位富商找到他，愿意出2000万美元的购买他的地皮，用来修建别墅。但是，布朗没有卖出这块地皮，而是笑着对他说："我不急于出售这块地，因为我觉得这块地还有增值的空间。"

果不出布朗所料，三年后，那块地卖了3000万美元。

他的同行很想知道当初他是如何获得那些信息的，他们甚至怀疑他和市政府的官员有来往。结果令他们很失望，经过一段时间的调查，布朗竟没有一位在市政府任职的朋友。

布朗的发迹和致富，在许多人眼中一直是个谜。解铃还须系铃人。他那别具匠心的碑文也许概括了他不断在平凡中发现奇迹的传奇一生，也许帮助不少人解开他的发迹和致富之谜："我们的身边并不缺少财富，而是缺少发现财富的眼光。"

【人生感悟】

究竟是什么原因使自己和财富擦身而过？是安于现状，还是缺少发现财富的眼光。

人与人之间之所以有差距，就是因为眼光不同。所谓富人无非是他们眼光比我们看得更长远，许多创造成功的过程，就是一个发现财富的过程，在这个过程中决定成败的关键因素，就是发现财富的眼光。

一位哲人说过：世界上缺少的不是财富，而是发现财富的人。穷人的穷不在于他没有钱，而在于他缺少发现财富的眼光，以至于丢掉了许多实现财富的"慧眼"，就会轻松获得财富，有穷人变成富人，从而改变人生。

有些人费尽脑汁，历尽艰辛，却无法摆脱贫困；有些人稍动脑筋，却旋即成为腰缠万贯的富翁。原来，发明之路上有一个岔路口，一条通往贫困，一条通往富裕。我们所要做的就是培养自己发现财富的眼光，让自己在人生的岔路口上选择正确的路。

7. 巴菲特的孩子们

巴菲特曾经对他的小儿子彼得说："你认为人们真的欣赏你的才能？没有人特意到超市购买霍华德种出来的玉米！"说这番话原因是巴菲特的小儿子彼得为自己在音乐上取得的一些小成绩感到洋洋得意，而长子霍华德则经营一个农场，巴菲特用这句尖锐的话戳穿彼得的成就，让他明白自己的才能并不像媒体吹嘘的那么精湛。

尽管巴菲特拥有上亿美元的财产，但他的三个孩子却都自食其力，长子霍华德在他经营的农场中找到了自我价值，除了在巴菲特的公司担任一个没有薪水的"非执行董事会主席"的职位，他本人则继续农场主的生活，种点豆子、玉米，挣钱养家糊口。

巴菲特让孩子们尽早习惯独立的方法尽管看起来很严厉，但他告诉青少年，尽早地习惯独立，是为了有能力去创造属于自己的财富，留给他创造财富的能力就是留下拥有财富的"金饭碗"，这比留下巨额财富让孩子们挥霍要明智得多。

巴菲特的长女苏茜至今还记得在她六岁生日那天，父亲把她叫到跟前，语重心长地说："宝贝，你要记住，生活中你会遇到很多困难和令人费解的事情，会有很多人给你出主意，但无论如何你都要学会自己拿主意。凡事要有自己的主见，用自己的大脑来判断事物的是非，千万不能让别人的主意塞满你的头脑，这是爸爸送给你的生日礼物之一，它比那些漂亮的衣服和玩具有用多了！"

从此之后，父亲就要求苏茜帮忙做家务，10岁时就要她去杂货店做兼职。在巴菲特看来，自己给孩子安排的都是力所能及的事情，所以他不允许女儿说"我干不了"或"太难了"之类的话，希望借此培养孩子的独立能力。

在父亲的教导下，苏茜上学之后惊奇地发现，班上其他的同学拥有自由且丰富的课余生活，他们一起在公园做游戏或者骑自行车。星期天，他们还去春意盎然的山坡上野餐，一切都是多么诱人啊！苏茜的心里痒痒的，她也想跟小伙伴们一起自由自在地玩耍。

终于，一个周末，苏茜鼓起勇气对威严的父亲说："我也想去公园玩。"父亲听了之后并没有反对，在去公园的路上父亲温柔地告诉苏茜："爸爸并不是只为了让你赚钱而去工作，在你长大一点之后，你会发现那些杂货店的经历会给你带来更多的财富，让你拥有更多自己的时间去享受生活。"果然，很多年以后，当苏茜的同学还在为找工作而发愁时，苏茜已经拥有一笔数目不小的存款了。

【人生感悟】

当人们获得了大量的财富，那么接下来需要做的就是教育好自己的孩子。现在有很多关于富二代的负面新闻，他们依仗着父母的财富做出许多耸人听闻的事情来。所以孔子才会说："君子之泽，五世而斩。"民间也流传着"穷不过三代，富不过三代"的说法。

但是，很多有先见之明的富翁在努力积累财富的同时，也在精心培育着自己的下一代，因为他们知道，财富不会永远跟随某一个人，而只会选择那些高尚而有智慧的人。所以明智的富翁们无不努力地让自己的孩子成为一个高尚而有智慧的人，因为他们知道，一个优秀的继承者才是自己最宝贵的

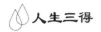

财富。

8. 富翁都是"小气鬼"

节约每一分钱是亿万富翁沃伦？巴菲特的消费观，这个观点甚至已经融化在他的骨子里了，他的汽车车牌是"Thrifty"，意思是"节俭"。

巴菲特节俭的消费观点也体现在生活中，他不仅对自己很小气，对朋友小气，对唯一的女儿苏茜也很小气。苏茜和丈夫住在华盛顿，他们的房子不大，厨房只有十多平方米。苏茜想把厨房扩大一些，好放一张能让自己和丈夫同时坐下来吃饭的双人餐桌。可是她和丈夫都没什么积蓄，最后苏茜想找她巴菲特借钱。

巴菲特听完之后不客气地说："你可以找银行借钱，如果一定要找我借，那我就得按银行的利息借给你钱。"当时苏茜已经怀孕，医生让她在家卧床六个月待产。她只好天天躺在又小又窄的卧室里，只有一台十四英寸的黑白电视陪伴她度过待产的日子。

一天，苏茜的好友——华盛顿邮报老板凯瑟琳过来探望她，当她看到苏茜挺着大肚子与一台小黑白电视为伴时，感到很吃惊，然后马上给她买了一台大彩电。回去后打电话给巴菲特说，你对自己的亲女儿也太小气了吧。

巴菲特的节俭不仅体现在生活中，在投资上更加小气，不便宜的股票坚决不买。当然，这里的便宜不是指价钱高低，而是股票的价值是否对得起价格。

宜家家具是一家在全球范围都具有极高知名度的公司，他的创始人英瓦尔·坎普拉德在 2006 年以 280 亿美元净资产登上了《福布斯》全球富豪榜，并排名第四。然而，这位大名鼎鼎的家居用品零售业巨头，在他的家乡瑞典却被人称为"小气鬼"。

坎普拉德并不是一位幸运的创业者，他从五岁起向邻居兜售火柴，经历了艰苦的创业才有所成就。对于被扣上"小气"的帽子，坎普拉德大度地表示："我小气，我自豪。"

那么这位家具帝国的亿万富翁到底有多"小气"呢？举个最简单的例子，他向来要求员工要在打印纸的正反两面写字，不浪费任何办公室资源。节俭是宜家公司员工从上到下奉行的传统。

坎普拉德曾在接受媒体采访时说："人们都说我小气，我不在乎大家这么评价。我只是遵守公司的规定。"他在瑞士定的 30 年中，家中大部分家具都是自己公司生产的宜家家具。

不仅如此，坎普拉德至今仍然开着一辆已有 15 个年头的老爷车，出门乘飞机只坐经济舱，甚至常有邻居看到他在当地的特价卖场淘"宝"。坎普拉德基本不买奢侈品，平常总是穿舒适的休闲装，他光顾的餐厅也只是普通工薪阶层常常享用得起的普通餐厅，也会为买了一套像样的西装、吃了一顿昂贵的鱼子酱而纠结一个礼拜。

当人们提及那辆上了年纪的老爷车时，坎普拉德说："它差不多还是新的，才 15 年左右而已。"也许正是因为坎普拉德的节俭，宜家才能从当年小农庄里的一间小作坊成为全球最大的家居用品零售商。

▶【人生感悟】

在很多人的印象中，亿万富翁就是坐着私人飞机，抽着手工雪茄，在拉斯维加斯一掷千金的人。但是，在现实中，他们却并非我们想象的那样朱门肉臭、轻裘肥马。

真正的富人往往并不像我们想象的那么"大方"，比如巴菲特 25 年来，一直保持每年 10 万美元的底薪，他喜欢收看体育类节目，喜欢汉堡和可乐这类垃圾食品，他坚持过普通中产家庭的生活，让自己的消费与薪水保持一致。巴菲特还告诉那些渴望财富的人们，每个人在未来的人生中都有无限可能，但要谨记一点，别把消费当作获得财富的唯一动力。

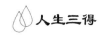

9. 生财之道

在胡雪岩的生意生涯中，与人为善一直是他的座右铭，他把与人为善看得很重，因为他认为"积恩则昌，积怨则亡"。

清政府于 1864 年消灭太平军之后，各省纷纷办洋务，大造战舰，加之与外国人做生意可以从中提取丰厚的回扣，于是当时的很多官员都趋之若鹜。

但是购买炮舰的事却事关重大，因为一笔交易动辄数十万两银子，按照清朝官场的潜规则，与外国人做生意是可以从中提取回扣的。一笔数十万两花费的交易可以从中提取回扣不下十万两，所以，这是一件油水丰厚的事。一次落台的刘大人将买炮舰的事没有向巡抚黄大人汇报，拿了这么多的回扣，刘大人觉得有点心虚；尽管朝中有自己的老师做靠山，但这毕竟是巡抚黄大人的天下，于是刘大人决定拉拢黄大人的表亲周道台入伙。一则周道台能言善辩，同洋人交涉是把好手．二则他是黄巡抚的表亲，万一事发，不怕巡抚大人翻脸。

周道台本来就是一个见钱眼开的人，看到现在又有油水捞了，自然十二分地愿意帮助刘大人。于是他和着巡抚大人帮刘大人同洋人洽谈，这事本来做得机密，不巧却被巡抚大人手下的何师爷发现了。何师爷因为和胡雪岩是好朋友．加之他平时对周道台也十分看不惯，于是就把这件事对胡雪岩说了。

而胡雪岩又把这件事对自己的好友王有龄说了。时任湖州知府的王有龄听到这件事后非常高兴，因为周道台对王有龄使过一回手段，在巡抚大人面前打过他的小报告，让他的仕途差点就断送了，也影响了胡雪岩的生意．王有龄现在觉得是报复的时候了。他主张原原本本地把事情告诉黄巡抚，让他去处理。但胡雪岩却认为此事万万不可，生意人人做，大路朝天，各走半边。如果强要断了别人的生意.得罪的可不是周道台一个人。

最后两人决定由何师爷出面解决这件事情。带着胡雪岩和王有龄的嘱托，当天夜里，何师爷就去找周道台。何师爷敲开周道台家的门，二话不说，就把两封信交给周道台，周道台打开一看，吓出一身冷汗，因为信上明明白白写着他与洋人做生意购买炮舰的事情。这可是让他丢掉乌纱帽的事情。何师爷看到周道台这种反应，趁机说，他在巡抚院中经过，看见有人扔进来两封信。他捡起来一看，原来上面写着告发周道台同洋人购买船只的事情.他觉得大事不妙。出于同僚之情.才来通知周道台的。周道台听何师爷这么一说，早吓得魂飞魄散了。呆呆地站在那里，不知道该如何是好。周道台自己也知道，平时自己与别人结怨太深，这一次肯定是有人报复，于是他拉着何师爷的衣袖求他出谋划策指条明路。

何师爷故意沉吟了很久，才对周道台说，这件事是箭在弦上，不得不发。既然已经同洋人谈好了，不买也是不行的。但是要买的话，却需要一笔巨款，这么多的钱自己一时又拿不出来.只能叫一位巨商提供资助，弄妥当之后，再向巡抚大人汇报。这下可把周道台给难倒了，以周道台的人际关系，在江浙一带，哪里有什么巨商大贾的朋友，周道台急得就像热锅上的蚂蚁。看到周道台的这种情形，何师爷按照计划又给周道台指明了一条路。他说湖州知府王有龄有一个结拜兄弟胡雪岩，是江浙大贾，可以向他求救。但是周道台一听到王有龄的名字，心里就有难言之隐。

而何师爷也知道周道台此时的心思，于是又对他讲明其中的利害关系，听得周道台又惊又怕，想想确实无路可走，只有厚着脸皮向王有龄求助了。于是第二天一大清早就去拜访王有龄。王有龄也早就做好了准备迎接周道台的到来，双方坐定之后，周道台说明了来盒，王有龄沉吟片刻，道："这件事兄弟我原不该插手，既然周兄有求．我也愿意协助，只是所获的回扣，分文不敢收，周兄若是答应，兄弟立即着手去办。"周道台一听，还以为自己听错了，哪有办事不要钱的？以为王有龄觉得自己在开玩笑，不是真心相求，于是赶紧声明自己是一片真心。最后，两人推辞了半天，王有龄就是不要回扣，周道台无奈，只得应允了。于是王有龄到巡抚衙门，对黄巡抚说自己的朋友胡雪岩愿意借资给浙江购船，事情可托付周道台办。巡抚一听又有油水可捞，立即应允。

周道台见王有龄做事如此厚道大方，亲自到王府负荆请罪，于是两人成了莫逆之交。有了周道台这层关系，以后胡雪岩的生意就更好做了。

【人生感悟】

事业是人干出来的，如果人与人之间能够做到相互理解、相互尊重、相互支持、相互合作，心往一处想，就能形成推进事业发展的强大力量。俗话说，家和万事兴，人和事业兴。事实证明，一个单位、一个地方、一个社会与人为善蔚然成风，同事之间、邻里之间、成员之间关系融洽，大家都来干事创业，就一定会出现事业兴旺发达、社会和谐稳定的良好局面；反之，如果人们不是与人为善，而是损人利己、以邻为壑，那就必然会带来纷争不断、内耗严重、离心离德，进而导致工作难有起色，事业难以发展。

10. 一本万利

在一座山上有个智者依山修行，也没有人知道他在这里有多长时间了，只是在这座山上跟着他修学的人满山都是，凡是能住人的山洞、大树下等等，都有人在，智者的能力呢也没人知道得很清楚，只是每天都有成群结队的人来供养他，从山脚下一直排到这位修行者的山洞口，每天如此。每天得到的供养，老和尚只是用手一挥，在山上跟着他修行的人谁需要什么都会自然摆在面前！

在山下有个裁缝，每天看着这些去供养智者的人这么多，心里就想，我每天这么辛苦的工作，只是得到了温饱，而这个智者只是在山洞中一坐，就有这么多的人来送他东西，还跪下磕头，请师父慈悲收下供养，这不公平！裁缝决定上山去问智者，来到了喇嘛修行的山洞，说明来意，

智者很慈悲地问：你想怎么样，孩子！

裁缝说：你能不能给我你一天收到的别人供养的东西！

智者说：当然可以！

就这样两商定，从第二天太阳升起来到落山，所有来供养智者的东西都归裁缝。第二天，裁缝早早地就带着一个大口袋来到了山上，谁知道，平时源源不断的来送供养的队伍竟像说好的一样，一个人也没看见，一直到了中午也没见到一个人影！

裁缝很着急，问：怎么没人来啊？

智者说：别着急，人已经动身了！

就这样，裁缝问了好几次，智者都说快了快了！到了太阳快下山的时候，裁缝一看还没人来，就真着急了。

智者说：孩子，别急了，人已经到了山下了！

不大一会工夫，一位年轻人扛着一大捆牛皮来到了智者的身边，从中捡出一张最大最好的一张牛皮，放下后磕了一个头，就走了。这时太阳已经下山了！

智者说：收下吧，孩子，这是你的了！

裁缝看着这仅有的一张牛皮，又望了望扁扁的口袋，哭笑不得，问：只有这点啊？

智者说：孩子，你很会做生意，真的是一本万利啊！

裁缝不明白地问：怎么回事？

智者说：前世，你也是个裁缝，有一天，有个邻居来向你借了一个顶针（牛皮做的），你很高兴地拿了出来，也没让他还，但是你看，今世

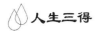

他还了你一整张顶好的牛皮！

裁缝若有所思地走了，第二天，供养智者的人群又排成了一个长长的队伍，从山下一直排到山洞口！

看着络绎不绝的人群，裁缝终于有所感悟：是你的，不用去争，终将是你的！不是你的，抢也得不到！智者所教给自己的办法就是将财富存入'众生福田'啊！

▶【人生感悟】

这个世界上有没有稳赚不赔、一本万利的买卖？答案是肯定的，但是很少有人会选择这样的生意。那就是付出自己的真爱，去关怀、帮助自己身边的每一个人。在这个世界上，最珍贵的不是无穷无尽的金银财宝，而是一颗愿意关心别人的善良之心。因为，再多的财富，如果只是用来满足一个人的私欲，那么与一堆冰冷的废铜烂铁无异；但是，一颗善良之心，却可以让整个世界充满爱和温暖，是一股真正强大的力量。对于那些关心自己胜过他人的人，我觉得他们很可怜。因为，每一个冷漠的人，都是一座孤岛，他们没有朋友也是可以"相濡以沫"；到了紧急关头，也没有朋友可以帮助他们渡过难关。

所以，懂得施予的人远比只知道索取的人更快乐，而真诚地关心他人的人，永远比冷漠的人更容易成功。

11. 商机就藏在细节中

从前有兄弟两人，父母去世得早，兄弟二人相依为命。因为他们居住在偏远的山区，谋生不容易，哥哥总想着怎样能发点大财才好，所以，兄弟二人就相约到远地去做生意。他们两人将家中的田地变卖，带着所有的财产和驴子出发了。

他们先到了一个生产麻布的地方，弟弟对哥哥说："我们家乡，正好缺少麻布，麻布肯定值钱，如果我们把所有的钱取出来换成麻布，然后带回故乡去卖，一定能赚大钱的。"哥哥觉得这个想法不错，于是就同弟弟一起，买了很多的麻布细心地捆绑在驴子的背上。

走着走着，他们一同又到了一个盛产毛皮的地方，那儿正好也缺少麻布，弟弟就对哥哥说道："我们家住北方，冬天冷，我们家乡正好却毛皮，毛皮价格一定很值钱，我们可以在这儿把麻布卖掉，换成毛皮，这样不但可以收回本钱，返乡之后还能得到极高的利润。"

哥哥说道："不了，我的麻布已经极为安稳地捆在驴背上了，要搬下来太不容易了。"

弟弟就把自己的麻布从驴身上搬下来全部换成了毛皮，还额外多出了一笔钱，而哥哥依然有一批驴背的麻布。

走着走着，兄弟二人到了一个生产药材的地方，因为那里天气苦寒，正好缺少麻布和毛皮。弟弟就对哥哥说："在我们的家乡，药材是更加值钱的东西。我们可以把麻布卖了，换成药材带回故乡一定能够大赚一笔的。"

而哥哥再次拍拍驴背上的麻布说道说："不了，我的麻布已经极为安稳地捆在驴背上了，何况已经走了那么长的路，卸上卸下真是太过麻烦了！"随即，弟弟就又把毛皮换成了药材，又大赚了一笔。而哥哥依然有一批驴背的麻布。

后来，兄弟二人又路过了一个盛产黄金的地方，那个产金矿的地方是个不毛之地，很是欠缺药材，当地也极为缺乏麻布。地地就对哥哥说道："在这里药材和麻布的价格都很高，黄金却很是便宜，我们故乡的黄金却十分昂贵，我们只要将药材和麻布换成黄金，这一辈子都不愁吃穿了。"

哥哥再一次拒绝了，说道："不，不，我的麻布在驴背上面很是稳妥，我不想变来变去的。"而弟弟这一次则坚持把自己的药材换成了黄

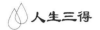

金，自然弟弟又赚了一笔，而哥哥依然守着自己那批驴背的麻布。

最后，兄弟二人回到了家乡，哥哥在集市上卖了麻布，麻布虽然卖掉了，却只得到一些蝇头小利，与他的辛苦远远不成正比；而弟弟则不但带回了一大笔财富，还把黄金卖了，成为了当地有名的大富商。

【人生感悟】

获得财富的人都懂得从细节中寻找商机。因为奇迹的创造除了有运气的成分，还离不开个人的努力，机遇是勤奋的代名词，它只青睐那些有准备的人。当机遇来临时，你还要学会及时发现，有了机遇还要学会珍惜，好好地把握才能获得成功。雪莱曾经说过："过去属于死神，未来属于自己，趁未来还属于自己的时候，抓住它吧！"我们不能在等待机遇自己送上门来的时候，却连眼睛都不睁开。因此，在未来的人生中，如果你拥有一次机会，就别拒绝。

抓住机遇就意味着开启了成功大门的钥匙，所以当机遇来临时还需要我们能敏锐地判断并做出决断，这其中也需要我们具备创新精神，敢于大胆尝试才能抓住稍纵即逝的机会，在人生舞台上创造一幕接一幕的奇迹。

下篇 爱得智慧：
以「心」字爱人，以「诚」字交友

对他人施予爱心，是人生莫大的一种价值。但是，对别人施「爱」，也是需要智慧的。对此，奥地利演说家巴斯卡利亚博士认为，爱是需要智慧的，爱里却也可以生出智慧来。智慧的爱可以有效地化解人与人之间关系的冷漠、脆弱和伤害，能有效地改善一个人的社会关系。其实，彼此间的沟通、真诚相待、互相宽容、超越妒忌、欢笑与共、倾情分享……这些都是智慧的爱。可以说，一个人要想真正地获得快乐和幸福，除了有一颗爱心之外，还需要掌握爱的艺术和智慧。

Part 7 待人"心"法：
施予爱心比一味索取更有价值

尼采说过这样一句话：当我帮助受苦者的时候，我就是洗净了我的双手；同时也是揩净了我的灵魂。就是说，施舍不仅可以给你带去阳光和快乐，也能让自己获得平静、幸福和快乐。

其实，人是一个平衡系统，当付出超过了回报时，我们就会获得某种心理优势，会获得极大的满足感，从而享受到精神上的真快乐。佛家认为，自私和吝啬是人苦恼的根源，今生的贫穷都是吝啬的结果，所以，我们一定要以诚心和恭敬心来布施，而且在施舍的时候，心中不能带任何目的，这样才能获得真正的幸福和快乐。

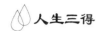

1. 爱的力量

一个小男孩因为患有脊髓灰质炎，而导致牙齿参差不齐和双腿一瘸一拐。看着他的怪样，同学们都不愿意跟他游戏或玩耍。老师叫他回答问题时，他也总是低着头一言不发。因为，在他的内心世界里，认为自己是最不幸的孩子。

男孩的父亲却一直教育他要勇敢面对这个世界。一年春天，父亲想在自家的房前种一些树。于是，他买来了一些树苗，并把这些树苗分给自己的每一个孩子，让他们自己去栽种这些小树。同时，父亲告诉孩子们，谁的小树长得好，就送给谁买一件礼物。

孩子们欢呼雀跃，为了得到父亲的礼物纷纷去栽树。小男孩也得到了树苗，心里也想得到父亲的礼物。但是，当他看到兄妹们蹦蹦跳跳提水浇树的身影，再看看自己行动困难的双腿时，他又对自己的人生绝望了。在给自己的小树浇过一两次水后，小男孩再也没去搭理它，甚至希望自己栽的那棵树早点死去。

一个星期后，当父亲来看孩子们的小树长得怎么样时，小男孩被自己眼前的情景惊呆了。因为他种的那棵小树不仅没有枯萎，而且还苗壮地成长了许多。与兄妹们种的树相比，小男孩的这棵树显得更加嫩绿而有生气。于是父亲兑现了自己的诺言，给小男孩买了一件精美的礼物。当父亲把礼物放到小男孩手中时，充满信心地对儿子说："你栽的这棵小树长得如此之好，如此看来，以后你一定能成为出色的植物学家，给家族争光。"听了父亲的话，小男孩变得自信起来，他开始更同学们交往，积极回答老师的问题，慢慢变成了一个乐观向上的孩子。

一天晚上，月光格外皎洁，小男孩没有睡觉。他想着自己白天上过的课程，忽然想起生物老师说，植物都在晚上生长。于是，他很想去看看自己种的那颗小树，是不是在悄悄生长。

当小男孩偷偷来到院子里时，被眼前的场景惊呆了。他看见皎洁的月光下，父亲正用勺子在向自己种的那棵树下施肥。此时，小男孩的心里被父亲的爱意融化了，他知道自己的小树之所以比兄妹们的长得都好，是因为父亲每晚都偷偷地在为自己栽种的那颗小树施肥。小男孩回到房间之后，泪如泉涌，他发誓绝不辜负父亲的苦心。

若干年后，当年的小男孩已经成为了一个大人。他并没有像父亲说的那样，成为一名出色的植物学家，但是却给家族带来了无限荣耀，他就是美国历史上，唯一蝉联四届的总统：富兰克林·罗斯福。

▶▶【人生感悟】

不论我们的出身如何，不论我们从事什么样的工作，不论我们取得了什么样的成绩，每个人的人生都有一门必修课：就是在生活中学会爱。

爱我们的父母，学会感恩；爱我们的家庭，学会责任；爱我们的朋友，学会信义；爱我们的敌人，学会宽容；爱我们的工作，学会奋斗；爱我们的生活，学会从容。我们的一举一动，一言一行，都是对于爱的学习，也是对生活的反馈。

生活中，爱是最好的养料，它可以在浇灌别人的同时，滋润自己的心灵。当我们用爱去面对生活时，就可以创造生命的奇迹；当我们用爱去浇灌人生时，就可以获得真正的幸福。可以说，人生只要有爱，我们便无所畏惧。就像罗斯福的爸爸用肥料浇灌着儿子的树苗，于是，原本瘦小的树苗变得枝繁叶茂；同时，他也用爱浇灌着自己的儿子，于是，原本自卑的儿子成了一代伟人。这就是爱的力量，它可以给弱小以力量，变平凡为神奇；也可以化仇恨为慈悲，转危难为平安。

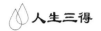

2. 一锅石头汤

很多年前，有三个士兵刚从战场上归来，他们又饥饿又疲倦，不知不觉便走到一个小村庄。可是因为连年发生战争，村民们的粮食也连年歉收。所以，村民们一听说来了士兵，便将他们的一小点粮食都藏了起来，然后在村子的广场中接待了这三个士兵。村民们一见到士兵，就搓着双手，哀叹他们是有多么缺少食物，日子过得有多么艰苦，所以不能招待士兵们饱餐一顿。

士兵们忍受着饥饿与疲惫，平静地与村民们交谈着，第一个士兵对村长说："既然你们的粮食收成不好，没有东西分享给我们吃。不过，我们却有让大家共同分享的东西：用石头做一道好汤的秘密。"

村民们听了都感到非常好奇。于是他们怀着好奇心，很快生起了火，架起了全村最大的一口锅。第一个士兵往锅里丢了三颗光滑的石子，说："过一会儿，这个就能煮成一锅美味的汤了。"第二个士兵接着说："不过，要是有一撮盐和一些欧芹，那它的味道就更棒了。"听完这话，一位村民跳了起来，喊道："真是太巧了，我刚刚想起来家里还剩下一些呢。"于是她赶紧跑回家，然后带着满满一围裙欧芹和一些萝卜回来了。

随着锅里的水渐渐煮沸，村民们一个个都想起了什么东西。不一会儿，大麦、胡萝卜、牛肉还有奶油，纷纷都被投到了这个大锅里。村民们欢聚在广场上，他们一边吃，一边跳舞、唱歌，一直到深夜。

第二天早晨，当三个士兵从睡梦中醒来时，发现村民们全都站在他们面前，在他们脚边还放着一包这个村子最好的面包和奶酪。"你们给了我们最宝贵的礼物——用石头做汤的秘密，"一位长者说，"我们会永远牢记在心的。"第三个士兵对众人说："其实，也没有什么秘密，只是我在小时候听过一个故事：很久以前有一位教士，一直很想知道天堂与地狱到底有什么根本的区别，于是他就去请教上帝。上帝对他说：你跟我来吧，我先带你去地狱看看。于是，教士和上帝一同走进了一个房间，看到那里围着许多人，走近一看，原来在他们中间还放着一只煮食的大锅，他们的眼睛都直呆呆地盯着大锅，时不时地呈现出一副又饥饿又失望的样子。再细一看，发现他们每个人手中都握着一只汤勺，因为汤勺的柄太长，所以食物根本没有办法送到自己嘴里。现在，我再带你去天堂看看吧。说着，上帝又带着这名教士走进了另一个房间。这个房间跟上一个房间的情景一模一样，也有一大群人围着一只正在煮食的锅坐着。再看看他们的汤勺，发现汤勺柄跟刚才那群人的一样长。可唯一不同的是，这里的人又吃又喝，有说有笑，看起来是那么得快乐。教士看完这个房间后，很是奇怪地问上帝：为什么同样的情景，这个房间的人快乐，而那个房间的人却愁眉不展呢？上帝微笑着说：难道你没有看到吗，这个房间里的人都学会了喂对方吗？所以我可以肯定一点：只要每个人都拿出一点东西来，就可以办成让大家分享的宴会。"说完，他们又重新踏上了路，慢慢地离去了。

▶【人生感悟】

一锅石头汤，让我们懂得了分享的力量。天堂和地狱之间的不同就是居住其中的人们是不是能够无私地帮助他人。如果人人懂得分享，那么地狱就是天堂；如果大家都只顾自己，那么天堂也成了地狱。

任何时候都不要吝啬与别人分享，即使我们自己本身也很匮乏。就像故事中的例子，在粮食歉收的年景里，每一家的一点肉或几根菜都只能维持着勉强度日。但是，如果大家愿意拿出自己的食材，共同分享一锅热汤时，那么人们的生活就会有一个质的飞跃，人与人的心灵也在分享中变得更加靠近。

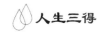

3. 助人与助己

一天，正在上班的罗伯忽然特接到来自家里的电话，说他的太太快要生产了。一想到自己就要成为父亲了，罗伯特又是兴奋又是担心自己的妻子。他顾不得想太多，跳进公司的那辆破车就往外冲。以至于他都没有听到同事在后面提醒他："这个车爬不上山坡！"

原来，罗伯特的家距离公司很远，在他回家的路上，还要经过一个非常陡峭的山坡，而且那个山坡很长很长，需要汽车有足够的马力才能爬上去。而罗伯特所开走的这辆车已经太老了，那个棘手的山坡对于这辆老爷车而言无疑是一种挑战。

罗伯特自己也很快意识到了这种情况，他一边猛踩油门一边对自己说："没办法，现在我要马上回到妻子的身边，不管这辆车多老也只好试试看了！"

但是，事情并不像罗伯特想象的那么顺利。刚一开始爬坡，这辆老爷车就吃不消了。尽管罗伯特还是能驾驶着它慢慢地往上走，但是发动机已经发出了嘶哑的吼叫声。罗伯特丝毫不敢放松，他使出了浑身解数驾驶着这辆老爷车，眼看就要冲上这个漫长而陡峭的山坡了，可这时一个提着木箱的人却站在前面拦车："能不能带我一程？我的箱子太沉了。"

罗伯特心想："我自己都不一定过得去呢，再加一个人这车肯定爬不上去了。"于是他连理也没理这个不识时务的拦车人，仍然全神贯注地驾驶着老爷车爬坡。

但就在这时，这辆老爷车却自己停住了，无论他怎么踩油门都无济于事，并且车子开始往下滑。罗伯特索性退回去一段路程，准备出再次冲刺的空间。但是，出乎他意料的是，这次这辆老爷车居然缓缓地爬上了这个棘手的陡坡。罗伯特终于松了一口气，当他看向自己的倒车镜时，发现正是刚才拦车的那个人在帮他推车呢。

罗伯特惭愧地满脸通红，他回过头来，不好意思地说："刚才是你帮我吗？"

那人淡定地回答说"是的，我希望你能带我一程。我是医生，这箱子里是我的手术工具。我要赶着去山那边给人接生呢！"

罗伯特看看这个人手中的手术箱，又上下打量了一会儿这个人的衣着，热情地把这个不识时务的拦车者请上了车。因为此时他已经明白过了，原来这位拦他车的人，就是要为他的太太接生的大夫啊。

【人生感悟】

在这个商品经济时代，越来越多的人表现出自私自利的人性弱点，很多人对别人漠不关心，还有人甚至为了自己的利益，不惜损害别人的利益。不过还有很多懂得思考生命的人都愿意拿出自己的利益与人分享，广结善缘。因为他们知道，人生就是"三十年河东，三十年河西"，谁都不知道将来会需要谁的帮助；而与人方便往往也是给自己方便，所以当我们有机会帮助别人的时候，又何乐而不为呢。

4. 礼让不吃亏

一天，有一位绅士赶着去参加一个诗会，于是急匆匆地出门了。去那个诗会有一条必经之路——独木桥。碰巧今天是赶集日，来赶集的人都要从这条独木桥上经过。

绅士刚走到独木桥边，看到一位老婆婆正从对面上桥，他一想自己是绅士，必须要有点儿绅士风度，于是很礼貌地转过身回到桥头，让老婆婆先过了桥。老婆婆过来以后，还夸他不愧是大家公认的绅士，绅士听了心里美滋滋的。于是，绅士又走上桥，恰巧这时他又看到一个孕妇也上了桥，尽管心里有些不乐意，但还是很礼貌地让孕妇先过了。孕妇过桥以后，也夸赞他有风度，他心里又一乐。绅士看了看时间，发现距离诗会的时间迫在眉睫，于是低着头就直往桥上冲。可是绅士刚走到桥的一半时，遇到了一位挑柴的樵夫，还与他撞了个满怀。绅士有些生气了，但为了保持他的绅士风度，他还是强忍着怒火，再次回到桥头让樵夫过了桥。第四次，绅士不敢贸然上桥，而是等独木桥上的人走完才匆忙上了桥。

眼看就要到桥头了，迎面又赶来一位推独轮车的农夫。绅士这次是真的不愿回头了，他摘下帽子向农夫致敬："农夫先生，你看，我就要到桥头了，能不能让我先过去呢？"农夫听了很不情愿，瞪着眼睛说："你没看见我推车赶集吗？"绅士一听，也急了："你这个没文化的粗人，赶快让我过去，我还要赶着去参加诗会呢！"二人就这样喋喋不休地吵个没完。

正在这时候，河面浮来一叶小舟，舟上坐着一位老翁。他们两人不约而同地请老翁为他们评理。老翁看了看农夫，问他："你真的很急吗？"农夫答道："我真的很急，晚了就赶不上集了。"老翁说："你既然着急赶集，为什么不尽快给绅士让路呢？你只要退那么几步，绅士便过去了，绅士一过，你不就可以早早过桥了吗？"

农夫听后一言不发。接着，老翁又转过头问绅士："你为什么要农夫给你让路呢，仅仅因为你快走到桥头了吗？"绅士争辩道："因为在此之前我已经给很多人让了路，如果继续让农夫的话，我便过不了独木桥，也就耽误了我参加诗会。""那你现在是不是就过去了呢？"老翁反问道："你既然已经给那么多人让了路，不妨再让农夫一次，即使过不了桥，起码保持了你的绅士风度，何乐而不为呢？"这下绅士被彻底问住了，顿时从脸红到脖子，一句话也没说。老翁临走前还给他们留下了一句话："年轻人哪，给别人让路的同时也是在给自己让路啊"。

是啊，既然你只为赶路，那么你完全可以选择另一条路，因为有些困难是可以绕开的。这就如同一堵墙，墙不会移动，也不会时刻跟着你，只要你选择绕开它，它就会被你甩在身后。这时候你会发现，对于墙，你给它让路，它马上也会还你一条路。

【人生感悟】

古人说"人间冷暖变化无常，世路崎岖坎坷难行"。走不通的地方，要懂得退一步让人先行的道理；走得过去的地方，也一定要给予别人三分的便利。只有这样做，才能够逢凶化吉，一帆风顺。

其实，做人和走路也是同样的道理。每个人的一生中，都会碰到许多走不通的路。在这些路上，有时候我们能看到希望，有时候我们根本看不到一丝希望。这时候，你就应该冷静下来，仔细想想，是继续赶路，还是重新选择另一条路呢？所以，我们做事千万不能过于呆板和固执，而要学会放弃和重新选择，因为过于固执是一种愚蠢的行为，对人对己都没有好处。这时候，不妨给人让出一条路来。其实，学会给别人让路，也是给自己让路啊！

5. 包羞忍辱是男儿

汉初的张良，祖先五代在韩国做宰相。后来，秦国统一了天下，张良曾经在博浪沙狙击秦始皇，可惜没有成功。秦始皇四处缉拿刺客，张良只好逃亡到了下邳境内。

一天，张良在下邳桥上遇到一个老人，这个老人衣衫破烂，鞋子挂在脚上。张良本来没有十分放在心上，谁知老人却故意把自己的鞋子扔到桥下，对张良说："小子，下去把鞋给我捡上来。"

张良先是很惊讶，然后是愤怒，想上去暴打那个老人一顿，转念又一想，毕竟他是个老人家，于是就强忍住到桥下去捡回了老人的鞋子。不料老人竟然又命令道："给我把鞋穿上。"张良心想，既然已捡了鞋，不如就好事做到底吧。于是，他跪下来，帮老人穿上了鞋。

此时的老人露出了满意的神情，笑着对张良说道："你这个小子，倒是值得一教。"并告诉张良，五天以后，在这个桥上相见。

张良此时觉得，这个老人一定不是等闲之辈，于是，就在五天后来到了那座桥上，结果发现老人已经先到了。老人对张良大怒道："和老人相约见面，怎么能后到呢？"说罢，拂袖而去，并告诉张良，再过五天之后再来。

五天之后，张良特意早起，公鸡才一报晓，他就赶到了桥下，结果老人又先到了，并怒道："你怎么又来晚了？"说罢，又拂袖而去，并要求张良再过五天再来。

这次张良长了教训，不到半夜就来了。一会儿，老人也到了，看到张良，很高兴地说："就应该像这样才对。"说罢，拿出一本书，交给张良，对他说："好好读这本书，将来就能做皇帝的老师。十年之后，你就会发达；十三年之后，你就会见到我。我就是谷城山下的黄石。"说罢，老人就里去了，他交给张良的那本书，就是《太公兵法》。

从此，张良日夜苦读，后来投靠了刘邦，一生数次帮助刘邦化解危难，击败项羽，统一天下。

我们可以说，没有张良在桥上的忍耐，就没有他日后的成就。而黄石公之所以一再考验张良的耐心，也完全是为了看看他有没有成大事的潜质。看来，如果想成大事，首先就要学会忍耐。

关于被刘邦、张良集团最后击败的项羽，因为失利于垓下，却不肯过江东一事，杜牧有诗慨叹道："胜败兵家事不期，包羞忍辱是男儿。江东弟子多才俊，卷土重来未可知。"

具有拔山扛鼎之力的项羽，宁肯乌江自刎，也不愿包羞忍辱。那么，张良与项羽二人，哪个更像是男儿呢？实在是值得我们掩卷深思。希望每个人都有一个经得住推敲的圆满答案，给自己的人生之路以参考和提醒。

▶▶【人生感悟】

不论是伟人还是普通人，每个人的一生都会遇到各种各样的磨难和羞辱。所不同的是，伟人在遭受羞辱时懂得卧薪尝胆，而普通人遇到羞辱时则只会拔剑相斗。

人们之所以觉得包羞忍耻有困难，是因为没有人愿意被别人说成是懦夫。但是，懦夫除了贪生怕死之外，更受不得别人的嘲笑与羞辱；而那些能够在奇耻大辱面前镇定自若，并找机会一雪前耻的人不仅不是生活上的懦夫，而且必将成为历史上的伟人。所以，在争斗面前，在羞辱面前，在恶意面前，我们不妨拿出包羞忍辱的智慧和勇气，不被别人带动了自己的内心。这样，我们的内心才是真正属于自己的，我们的成就才能够超越于众人之上。

6. 指挥棒的来历

他从小热爱音乐，18岁进入柏林音乐学院学习作曲与交响乐指挥，这是当时学习音乐的最高学府。与今天不同的是，当时的音乐学院每天都要上两堂体力课，并不是为了让学习音乐的孩子全面发展，而是为了让他们成为优秀的指挥。原来，当时最为流行的指挥方式，是用一种十来斤的铁棒，乐队指挥按着音乐的节奏用这个铁棒敲击地面，从而发出"砰砰砰"的声音，来指挥整个乐队的演奏。

所以，要想成为一名优秀的指挥，必须具有非凡的体力和臂力，不然根本无法完成数个小时的表演。因此，作为最知名的音乐学院，柏林音乐学院自然对学生们的身体素质要求也非常高。

但是，他每次都会在体力课上给老师找麻烦，因为他从内心里讨厌这根铁棒。他觉得，一个指挥应该把自己的力气花在音乐上，而不是这根沉重的铁棒上。他把自己的想法告诉了老师，结果遭到了老师的严厉批评。

老师毫不留情地对这个不安分的学生说道："铁棒是最神圣的指挥工具，每个指挥家都离不开它。要想成为出色的指挥家，就必须专心上好体力课，不要总想着偷懒。"为了激励自己的学生们努力练习，老师接下来搬出了前辈的例子，他是："法国有一位音乐家曾经带病指挥，结果因为自己的体力不够，把铁棒砸到了自己的脚背上，最终因为感染而失去了生命。所以，为了将来能够保住性命，你们也必须把体力课上好。"

听着老师的训斥，心里想着那个为了铁棒而送命的法国音乐家，他的心里产生了另外的想法。

从那以后，每次体力课他都会生病，请假缺席。当然，他不是真的身体不舒服，而是一个人躲在教室或宿舍里研究音乐。由于把更多的精力都用在了音乐上，所以他的臂力虽然是班里最差的，但是在音乐方面的造诣却远远高过了其他的同学。

毕业后，他用自己在柏林音乐学院学到的知识，敲开了德国最著名的交响乐团大门，成了一位小提琴手和音乐创作人。

真正改变他一生的遭遇，是 1820 年的一场演出。当时，他随着乐队一起到英国伦敦进行皇家演出，可是刚一到英国，乐队指挥就生病了。由于我们之前已经介绍过当时的指挥用铁棒，所以，这个疾病缠身的指挥是无论如何也不可能有体力进行演出的。而且，乐队里的替补只有乐师，没有指挥，演出又不能而耽搁，这时，整个乐队陷入了困境。

正在所有人都不知所措的时候，他忽然找到生病的指挥，说道："如果您实在无法进行演出的话，就让我来代替您指挥吧。"

乐队指挥看了看眼前的这位年轻的小提琴手，想了想眼下的形势，实在想不出别的办法，只好答应了他的请求。

乐队的其他人都不看好这个瘦弱的年轻人，怀疑他是否有体力拿起那根沉重的铁棒。但是出人意料的是，演出当天，他并没有拿着沉重的铁棒上场，而是用一根精致的小木棒作为自己指挥工具。这根小木棒灵巧而轻盈，在他的手中上下翻飞，划出优美的旋律线。他的身体也沉浸在优美的音乐中，整场指挥都配合着优雅的肢体动作。这个年轻的指挥家受到了在场所有人的认可，交响乐团在英国的演出也获得了前所未有的成功。而这个年轻人也成为了乐队的新指挥。在接下来的日子里，他一直用精致的白色木棒作为自己指挥工具，而这种指挥工具也很快取代了当年那根沉重的铁棒，风靡世界乐坛，成了音乐史上一个不朽的经典。

这个年轻人就是史博：他的一生为音乐世界贡献了很多优秀的作品，是 19 世纪最重要的德国音乐家之一。

▶【人生感悟】

人生也许充满苦难，但也并不缺少轻松。我们却常常给自己背上沉重的包袱，不肯为自己的心灵寻找一条出路。在沉重的苦难面前，我们可以用希望给自己减负；在生活的压力之下，我们可以用创意来享受轻灵的人生。人生路上的沉重与轻松，完全取决于我们在的内心世界。在同一个环境里，也可以因为内心的不同，而收获不同的人生。

史博的成就，完全来自于他懂得放下那根沉重的铁棒，把精力放在自己擅长和热爱的音乐上。所以，当我们在生活中碰到自己体力不足以支撑，内心疲惫不堪的事情时，不妨将它放在一边，寻找一些轻松的途径来解决生活中的难题。放下了心灵的包袱，马上就可以感受到脸上的阳光和身边的清风，生活中的黑暗也会被一扫而光。让我们时刻记住这种轻灵的感觉，带着自己的内心一起在人生路上轻松前行。

7.　没人知道未来的样子

英格丽·褒曼出生在瑞典，曾出演过《卡萨布兰卡》《爱德华大夫》《东方快车谋杀案》等影片，先后三次获得奥斯卡金像奖。一次，曾经有记者问她人生中感触最深的事情时，她回答说："有一件事影响了我的一生，让我的人生得到启发，让我学会永远不要过早地宣判自己。因为转机随时都有可能发生，一切都有可能改变，一切都有可能是另一个样子！"

在英格丽·褒曼很小的时候，她的母亲就去世了，是她的叔叔抚养她长大。十五岁时，在一次学校的演出中，她发现了自己的表演才华，在心中为自己确定了成为一名优秀演员的理想。但是，她的叔叔是个很保守的人，并不支持英格丽·褒曼的梦想。在叔叔的眼里，当演员没什么出息的表现，他觉得自己的侄女应该找个售货员或秘书之类的职业。

十八岁时，英格丽·褒曼想报考斯德哥尔摩的皇家戏剧学校，但是首先要征得叔叔的同意。当她向叔叔说明了自己的想法之后，英格丽·褒曼的叔叔对她说："我只给你这一次机会，如果考不上，你就得按照我的安排去做。"她十分高兴地答应了，因为叔叔能够给她一次机会，已经做出了巨大的让步。于是，英格丽·褒曼开始精心地为考试做准备，自己在家里反复排练，甚至连做梦时都在练习自己的节目。

考试的日子终于到了，英格丽·褒曼早早地来到了考场。当轮到她上台表演时，她发现自己只演了一半，台下所有的人就开始不停地相互议，同时用手指指点点，根本没注意她的表演。这让英格丽·褒曼很焦虑，她觉得自己失去了唯一的机会，做演员的梦想肯定没戏了。正在慌乱的时候，评判团的主席对她说："谢谢你的表演，现在请下一个人上来表演吧。"

英格丽·褒曼不得不走下台来，她知道自己永远地失去了这个机会，于是懊悔和懦弱占领了她的内心，她想一死了之。当天晚上，她整理好了自己的东西，并写好了遗书。按照她的计划，她打算第二天去商店买一种药水来结束自己的生命，离开这个让她绝望的世界。

第二天早上，当英格丽·褒曼正要出门去买药水的时候，她遇到了邮差，并接到了一封来自皇家戏剧学校的信件。当她打开精美的信封时，摆在她眼前的竟是录取通知书。这一切都像是在梦里一样，为了弄清事情的真相，英格丽·褒曼拿着录取通知书就跑到了学校，找到了考试的那个评判团主席，问道："我昨天表现得那么差，你们对我那么失望，可为什么今天还录取了我呢？"

评判团主席被她问得莫名其妙，回答说："你昨天的表现相当出色啊！在昨天所有的考生中，你的表现是最好的，所以你上来演了没几分钟，我们大家便在下面纷纷议论，都认为你有出色的表演天赋，都为你高兴。当时，有个评委说这样的能力就不用再演了，直接录取吧，于是我就让你停下，换下一个上来了。"

知道了真相的英格丽·褒曼内心又是惊喜，又是后怕。她想，如果自己因为懦弱而结束了自己的生命的话，那么自己就真的就永远失去了这次机会！于是，从那以后，她选择彻底放弃自己内心的懦弱。在学校时，她勇敢地尝试；毕业后到电影厂，她大胆地表演，终于凭着勇气和勤奋，成为了光芒四射的国际巨星。

【人生感悟】

一块石头，当它把自己自闭在深山里的时候，它只是最普通不过的石头；但是，如果它能够忍受石匠的雕琢，从自闭的世界走到珠宝市场上时，那么它就成了一件价值连城的工艺品。一块生铁，当它把自己自闭在仓库里的时候，它只是最普通不过的生铁；但是，如果它能够忍受铁匠的捶打，从自闭的世界走到将领的面前时，那么它就成了一把战无不胜的宝剑。所以，一个人的价值，并不取决于他天生的样子，或者别人的看法，而是取决于他自己的选择，和是否愿意努力。

其实，没有人知道未来的样子，所以我们完全没有必要无需为一时的遭遇而懦弱，也为明天的事情而恐惧。无论多少的困境和挫折，都不能代表人生的完全失败，除非我们自己判自己死刑；一切的懦弱，都可以通过我们的努力去克服，只要我们在困难面前永不低头。所以，在困难面前，在恐惧面前，我们一定要战胜自己的懦弱，不要轻易地判自己"死刑"。

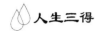

8. 每个人都是上帝的孩子

1987 年 3 月 30 日晚上，第 59 届奥斯卡金像奖的颁奖仪式在洛杉矶举行。作为会场的洛杉矶音乐中心的钱德勒大厅内灯火辉煌，座无虚席，人们都尽量保持着安静，等待着主持人公布最佳女主演的名单。当主持人宣布玛莉·马特琳在《小上帝的孩子》中有出色的表演，获得最佳女主演时，全场爆发出雷鸣般的掌声，人们热情地欢呼着，充满敬佩地注视着一位年轻的女演员走上领奖台，从上届影帝威廉·赫特手中接过奥斯卡小金人，她就是本届的奥斯卡影后：玛莉·马特琳。

按照奥斯卡惯例，获奖演员要发表一段感言。但是，手里拿着电影节最高荣誉的玛莉·马特琳一句话也说不出来。在她的心里，似乎有很多话要说，但是，他只是激动地向观众用手语说道："说心里话，我没有准备发言。此时此刻，我要感谢电影艺术学院，感谢全体剧组同事。"原来，这位影后是个不会说话的哑巴。

玛莉·马特琳的童年很不幸，在她十八个月大的时候，一次高烧夺去了她的听力和说话的能力，这使她不仅成为了哑巴，而且还是一个聋子。

但是，不幸的遭遇并没有夺去玛莉·马特琳的梦想。她从小就喜欢表演，对生活总是充满了激情。八岁时，玛莉·马特琳加入伊利诺州儿童剧院；九岁时，玛莉·马特琳开始登台演出。不论自己扮演的角色多么的卑微，她总是珍惜每一次演出机会，不断锻炼和提高自己的演技。

1985 年，玛莉·马特琳迎来了自己人生中最重要的一次机会。这一年，女导演兰达·海恩丝决定将舞台剧《小上帝的孩子》搬上大荧幕，拍成电影。为了拍出高质量的电影，兰达·海恩丝用了半年的时间寻找电影中的女主演，她几乎走遍了美国、英国、加拿大和瑞典，最终，发现了玛莉·马特琳。在看过她表演的舞台剧《小上帝的孩子》之后，兰达·海恩丝决定立即启用玛莉·马特琳担任自己电影的女主演。

在拍摄时，玛莉·马特琳没有讲一句台词，她仅仅凭借自己的眼神、表情和动作，充分表现了角色的自卑和不屈，消沉和奋斗的复杂内心世界，最终赢得了观众和评委的肯定，成为了奥斯卡金像奖颁奖以来最年轻的最佳女主演，也是美国电影史上第一个聋哑影后。

当记者采访玛莉·马特琳时，她用手语说："我的成功，对每个人，不管是正常人，还是残疾人，都是一种激励。因为，我们每个人都是上帝的孩子。"

【人生感悟】

人生就像一首复杂的交响乐，我们耳边不但会听到热情的赞美，也会听到刺耳的讽刺。赞美当然让我们内心舒畅，讽刺则会引起我们心中的自卑。对于有些人来说，自己仿佛是上帝的弃儿，在整个人生的旋律中，听到的总是不和谐的音符。

但是，上帝对于每个人都是公平的，人生中真正的问题也许并不在我们的命运身上，而是取决于我们自己的态度。因为我们每个人都是上帝的孩子，都会受到上帝的宠爱。也许我们的身体或者相貌存在不足，也许我们的智力或者家境不是很理想，但是，只要有一颗健全的心和对明天的希望，那么每个人都会得到命运的垂青，成为生活的主角。试想，如果玛莉·马特琳在遭遇童年的不幸之后就自暴自弃，整体活在自卑和抱怨之中，那么，恐怕也就不会有大银幕上的精彩表演，更不会有第一位奥斯卡聋哑影后了。

9. 神秘仓库里的宝藏

从前有一位老师，带自己的学生来到一座神秘仓库，并打开了它。只见这座仓库里装满了宝贝，还放射着奇光异彩，谁也不知道是谁存放在这里的。学生从未看见过如此金灿灿的宝贝，于是仔细地抚摸着这些宝贝，真是爱不释手。学生突然发现，这里的每件宝贝上都刻着清晰可辨的文字，分别是：骄傲，妒忌，痛苦，烦恼，谦虚，正直，快乐，爱情……面对这些漂亮的宝贝，学生的眼睛都快看花了，看一件爱一件，抓起来就往口袋里装。

可是在回来的路上，学生才发现，装满宝贝的口袋是那么沉。还没走出多远，他便感到气喘吁吁，两腿发软，脚步再也无法挪动了。老师说："孩子，我看你还是丢掉一些宝贝吧，后面的路程还长着呢！"

学生听完老师的话，恋恋不舍地在口袋里翻来翻去，不得不咬咬牙丢掉一两件宝贝。但是，由于宝贝太多，口袋还是很沉，学生只好一次又一次地停下来，咬着牙丢掉一两件宝贝。学生把"骄傲""妒忌""痛苦""烦恼"都丢掉了，才感觉口袋的重量减轻了许多。但是学生们还是觉得它好沉，双腿依然像灌了铅一样的重。

老师又一次劝道，"孩子，你们再把口袋翻一翻，看还可以丢掉一些什么。"终于，学生把最沉重的"名"和"利"也翻出来丢掉了，口袋里只剩下了"谦虚""正直""快乐""爱情"……一下子，他感到说不出的轻松和快乐。但是，当学生走到离家还有一百米的地方，又一次感到前所未有的疲惫，他真的再也走不动了。"孩子，你看还有什么可以丢掉的，现在离家只有一百米了。回到家，等恢复体力之后还可以回来取。"学生想了想，拿出"爱情"看了又看，恋恋不舍地放在了路边，他终于走回了家。

可是，他并没有想象中的那样高兴，他一直在想着"爱情"。这时候，老师过来对他说："爱情虽然可以给你带来幸福和快乐。但是，它有时也会成为你的负担。等你恢复了体力还可以把它取回，对吗？"

第二天，他恢复了体力，按着来时的路拿回了"爱情"。他高兴极了，感到了无比的幸福和快乐。这时，老师走过来触摸着他的头，长舒了一口气："啊，我的孩子，你终于学会了忘记！"

【人生感悟】

在人生的一些关口，只有学会忘记，忘记实权虚名，忘记世间纷争，忘记失败的痛苦，才会让你舍得丢掉那些根本不值得你带走的包袱，才会让你在旅行的道路上更加愉快，才可以登得高行得远。"人生不如意事常十之八九"，这是我们在日常生活中遇到挫折时发出的感慨。的确，纵观芸芸众生，有谁能够一生都活得春风得意、一帆风顺？"一帆风顺"只不过是美好的祝福而已，在赤裸裸的现实面前，它总是显得那么苍白无力。因此，我们只有学会忘记，才能让自己从不如意的生活中解脱出来。

人们常说："举得起放得下的是举重，举的起放不下的叫做负重。"人生中，有时我们拥有的内容太杂乱，心思太复杂，负荷太沉重，这些都大大妨碍了我们，无形而深刻地损害着我们。所以，为了让自己的人生之路变得轻松快乐，请学会忘记昨日的是非，忘记别人曾经对你的指责。学会忘记，才是一种解脱。

10.　一切随缘

有这样一个故事：在一座禅寺里新来了一个小和尚，他对寺里的一切都充满了好奇。

正值金秋时节，禅院里有两棵枫树，秋风一吹，红叶飞舞。小和尚放下手中的扫把跑去问师父："树上的红叶这么美，为什么会被风吹掉呢？"

师父一笑，摸着他的头说："因为秋天一过，冬天就来了，冬天阳光雨水都不够充足，枫树没办法留住那么多叶子，所以它只好舍，舍掉多余的东西，就是放下。"

果然，很快冬天就来了，小和尚看见师兄们把院子里的水缸都扣过

来，缸里的水都流走了。他又跑去问师父："师父，缸里的水好不容易才从山上挑来的，为什么要倒掉呢？"

师父正在闭目打坐，就对他说道："因为冬天的天气会一天比一天冷，水很快会结冰膨胀，最后就会把缸撑破，所以要把水倒干净。倒出危险的东西就是放空。"

冬天的天气一天冷过一天，大雪纷飞，整个禅寺银装素裹，连几棵盆栽的龙柏上也盖了一层厚厚的雪被。于是师父吩咐徒弟们把盆搬倒，让树躺下来。小和尚又不解了，跑去问师父："师父，院里的龙柏好好的，为什么要弄倒呢？"

师父把脸一沉，说道："外面下了这么大的雪，不让龙柏躺下来，它的枝干会被压断的。你的师兄们是为了保护它，让它躺下来休息休息。对于自己承受不了的压力要学会把自己放平。"

雪越下越大，进山的路都被封起来了，于是禅寺的香油收入也少多了，小和尚又沉不住气，跑去向师傅报告。

谁知师父把瞪一眼，说道："柴房里还堆了很多柴，仓房里还积了很多米，账房里还剩了很多钱。这些，你怎么都没有看到？我们又不是为了发财而出家的。冬天很快会过去，春天总会来的。不要为那些多余的事情操心，要学会放心。"

没多久，春天果然来了，由于冬天的雪很厚，融化之后的雪水滋润着大地，禅寺内外一片春花烂漫，香火比往日更加鼎盛了。师父却要出去云游，小和尚追到山门，哭着问道："师父，您走了，我们怎么办？"

只见师父又恢复了往日的慈祥，笑着挥手道："你已经学会了放下、放空、放平、放心，现在是时候学着放手了。记住一切随缘，不要烦躁。"

▶【人生感悟】

人生中，总是有各种各样的不如意，各种各样的烦恼。我们的内心经常被烦恼所折磨，失眠、恐慌、脾气暴躁，这些都是我们常有的心理反应。就像故事中的小和尚因为不懂自然规律，所以处处操心，每天充满了烦恼。

其实，要想彻底从烦恼中解脱出来，首先要学会顺其自然。顺其自然就是要顺应自然的规律。虽然自然的规律看不见、摸不着，但是它无时、无处不在起作用。春种、夏长、秋收、冬藏，是植物生长的自然规律，农民如果违反了这个规律，拔苗助长，就会白白辛苦一年，到头来颗粒无收。出生、成长、收获、放下，是人生的自然规律，我们如果违反了这个规律，物欲横流，就会忙忙碌碌一生，内心得不到解脱。

在现实生活中，我们也常常心生烦躁，一会儿为了机会还没来而不安，一会儿又因为错失了机会而懊恼。其实，生活中的一切烦恼都是不懂得放下造成的。只要我们懂得了顺其自然，那么，我们就会看见世间万物的规律。耐心等待，做好准备，机会就会到来；每日烦躁，自寻烦恼，机会只能擦身而过。所以，我们要时时记住放下烦躁，一切随缘。

11. 怎样把敌人变成朋友

战国时期，魏国与楚国相邻，两国交界的地方住着两国的村民，村民们都喜欢种瓜。魏国一个叫宋就的大夫被派到边境，负责管理当地事物。

一年春天，两国的边界干旱于缺水，村民们的瓜苗长都得很慢。魏国的村民很快想到了办法，他们每天晚上到地里挑水浇瓜，保证了瓜苗的顺利生长。

而楚国的村民，比较懒惰，看着自己的瓜苗一天天干旱着，也不浇水。到了快要收获的时候，楚国村民看到魏国村民种的瓜长得又大又好，心里非常嫉妒，于是他们趁着晚间没人，便偷偷到魏国村民的瓜地里去破坏瓜秧。

魏国的村民看到自己地里被破坏了的瓜秧，知道是邻国的楚国村民干的，都十分气愤，就去找县令宋就告状。一些人还建议以牙还牙，晚上也去破坏楚国人的瓜田。

宋县令一边安抚村民，一边说："我们千万不要去破坏他们的瓜地。"

村民们十分气愤已极，纷纷嚷道："他们如此欺负我们，我们怎么能不报复呢？难道我们怕他们不成？"

宋就只好耐心地跟村民们解释说"如果我们报复了楚国人，虽然解了心头之恨，可是他们也一定不会善罢甘休。最后我们两国之间互相破坏，恐怕连一个瓜也收不到。"

村民们一听这话有道理，就又问道："那我们该怎么办呢？"

宋就笑笑说："我们不但不去报复他们，而且从今晚开始，每天晚上都去帮他们浇地。"

村民们听了，更加不解，但是又不好违抗县令的命令，于是每晚到楚国人的瓜地里去浇水。

这下轮到楚国的村民诧异了。他们发现魏国村民不但不记仇，反而每天晚上帮他们往自己的瓜田里浇水，个个惭愧得无地自容。

后来，这件事被楚国边境的县令知道了，他便报告了楚王。楚王原本想要攻打魏国，两国的关系早已箭拔弩张，听了县令的报告，深受触动，于是主动与魏国和好，并送给魏国很多礼物。魏王自然也是十分高兴，于是下令重赏了县令宋就和当地的百姓。

宋就的以德报怨，换来了两国的和平友好。由此可见，仇恨无法终止仇恨，只有包容可以化解仇恨。懂得包容的人，能够放下仇恨，去爱自己的敌人，那么也许敌人最终会变成朋友。

【人生感悟】

生活有快乐的一面，也有伤感的时候，也正因为如此，才构成了我们丰富多彩的生活。生活中的苦难让凡人流泪，让智者微笑；凡人与智者的区别，就在于能不能包容别人的错误。所以，如果我们想成为智者，那么一定要有豁达的心胸，包容世人的错误。人非圣贤，孰能无过；知错能改，善莫大焉。

生活中，我们可能总会遇到一些对我们不够友善的人，或者是同班的同学，或者是单位的同事，也可能是公交车上的陌生人。如果我们对于对方的不友善，回以包容的微笑和友善的行动，那么不仅可能改变对方的态度，还可能改变自己的命运。其实，生活一直在源源不断地给予我们快乐，关键是你的心里有没有空间收纳这些快乐。心是晴的，即便天阴也是晴；心是阴的，即便天晴也是阴。

生活中永远充满着鸡毛蒜皮，太关注必将被其所累。智者当张弛有度，难得糊涂，该糊涂时就糊涂，糊涂是轻松了别人，也饶恕了自己。包容并不是懦弱，而是真正的勇敢。能够有勇气包容这个世界的人，其实就是在改变这个世界。

12.　被藏起来的快乐

一次，一位智者云游到一个地方。听说这个地方有一个叫南先生的有钱人，乐善好施。

南先生同样也听说了智者云游到此，于是他把智者请到家里，向他诉说了自己的委屈。他说："我虽然是地方首富，但是我过得并不快乐。亲戚朋友向我借钱，我借给他们，但是他们却不还我，而且还经常埋怨我。有一次，一个戏班子到我这里来，我出钱让他们唱戏，让乡亲们听戏，没想到，这些人中竟然有人进入我家偷盗。我实在是想不通，我如此做事，他们却这样来回报我，因为我心中常常烦闷。"

智者听完，笑着说："先生，你是不是想要心中不再郁结，重新找回快乐呢？"

南先生点头说："请大师开释我。"

智者说："我有一个快乐的秘方放在山上的小屋里，先生愿意跟我去拿吗？不过路很远，你得带上足够的盘缠。"

南先生赶紧答应，就这样，他跟智者上路了。路确实很远，他们走过了一个又一个村庄，翻过了一座又一座高山。

在路上，南先生遇到很多穷人。此时，智者请南先生掏出钱来施舍给穷人。走了很远的路，南先生看到自己口袋里的钱越来越少了，他有点儿担心，自己拿到秘方后怎么回来。

智者何尝不明白南先生的心思，但是他对南先生说："先生，你不必担心，我保证你到时候会开开心心地回到家。"

听完智者的话，南先生也算放心了。于是他毫不犹豫，将口袋里剩余的钱财全部都施舍给路上遇到的穷人。

这天，他们两人终于回到了智者的住所，南先生赶紧向智者要快乐的秘方。

智者笑着对他说："我已经把秘方给了你啊。"

南先生着急地问："大师，您何曾给过我秘方呢？"

智者像打哑谜一样，又说："先生你既然不辞劳苦地到了这里，不如就在我们这座小屋里住一阵子吧。"

南先生想，我不妨先住下，看看动静再说，于是，他就在小屋里住了下来。日子一长，他就感觉单调乏味，心中也越来越着急。

一天，南先生又找到了智者，对他说："大师你既然不给我快乐的方子，不如就给我一些盘缠，让我回家去吧。"

智者笑着说："先生，我已经把盘缠给你了。"

此时，南先生心中的怒火全部被点燃了。他想着，原来这和尚戏弄我呢，要什么没什么，还让我跟着他走了这么远的路，花光了我所有的盘缠。这老头纯粹是个骗子。这样想着，一气之下，他就离开了智者的家，回家去了。

天黑的时候，他来到了一个小村庄。这时，他身心俱疲，肚子也很饿，正想着怎么去人家讨口饭吃，却看见一位农夫向他走来。南先生正想张口询问，农夫却一眼就认出了他，激动地说道："哎呀，这不是恩人南先生吗？"

说完赶紧把他领到了家里，准备了饭菜。虽然是粗菜淡饭，但南先生依然吃得很高兴，晚上就在农夫家里过夜了。睡觉之前，南先生想，这个农夫比其以前村子里的人要好多了，最起码有良心。

第二天一早，南先生谢过农夫，便匆匆赶路了。

这一路上，南先生发现，只要自己有困难，就有人帮助自己。这些人都是他一路施舍过的，对他印象很深，都对他怀有感激之情。南先生心里非常快乐，一路上没花分文，就这样回到了家里。

到家以后，南先生突然明白了。原来，智者真的将快乐带给他了。要不然一路上，怎么会有这么多人帮助自己呢？南先生想，原来智者要教给自己的是施舍的快乐，而不是施舍的回报。

【人生感悟】

施舍是带着让别人回报的欲念，又怎么会快乐呢？舍得，舍得，有舍才有得，舍得付出，就不要想着回报，否则这样施舍就不是真心的，也不能让自己感受到真正的快乐。研究表明，那些从小受到父母宠爱的孩子往往衣来伸手，饭来张口，慢慢就忘记了怎样去关心别人，尊重别人的需求。其实，每一个冷漠的孩子都不是天生的，而是由于家长不懂得从小培养孩子的良好性格：一味地娇宠孩子，这样做看上去像是在爱孩子，其实恰恰断送了孩子的未来。而一个从小就被教育要去关心别人的孩子，无论他未来从事什么样的职业，都能够得到大量的朋友，并在朋友的帮助下取得非凡的成绩。

所以，要想自己得到快乐，就努力去帮助别人吧，你让别人快乐，自己就会收获更多；要想让自己的孩子得到快乐，就从小教育他去与人分享吧，一个懂得分享人，不论走到哪里都会受到世界的欢迎。

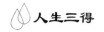

13.　人生的镜子

在一个偏远的小镇上住着一个老人和他的孙女，老人每天都坐在路边的椅子上，向开车经过小镇的人打招呼，他的孙女则负责照顾老人的生活，陪老人聊天。

一天，有一个年轻人经过这个镇子，老人一如既往地向他善意地打招呼。于是这个年轻人走过来问道："老大爷，这个镇了怎样，应该还不错吧？"

老人没有回答年轻人的问题，而是一脸慈祥地反问道："小伙子，你来的那个地方怎么样啊？"

年轻人不假思索地说道："我原来住的地方真是不怎么样。那里人人都自以为是，喜欢批评别人；邻居之间也没办法和睦相处，常说别人的闲话。总之那是个不适合居住的地方。我真高兴自己能够离开那里，如果再不离开的话我想我会被身边的人烦死的。"

老人看着这个满肚子不满意的年轻人回答道："这个镇子里的人跟你所讲的也差不多。"

于是年轻人马上离开了，老人继续在路边的椅子上晒着太阳。

又过了一会，又有一个年轻人经过这个镇子。老人向他打招呼，他微笑地向老人问好，并且问道："老大爷，这个镇子怎么样，应该还不错吧？"

老人也没有回答他的问题，仍旧一脸慈祥地反问："小伙子，你来的那个地方怎么样啊？"

年轻人笑着说："那是一个很不错的城镇，镇上的每个人都很亲切，人人都乐于帮助邻居，没有人喜欢搬弄是非。而且无论你去哪里，总会有人跟你打招呼，就像这里一样。说实话，我还真是舍不得离开那里呢。"

老人看着这个年轻人，脸上露出了和蔼的微笑，回答他说："这里也差不多，欢迎你在这里留下来。"

年轻人道过谢，便快乐地离开了。这时，一边的孙女再也沉不住气了，开口问爷爷："爷爷，刚才的两个人明明问了相同的问题，可是你为什么给了他们截然相反的答案呢？"

老人摸摸孙女的头，笑着说："傻孩子，相同的是事，不同的是人啊。"

孙女还是不懂，老人只好解释道："第一个人一肚子不满，并不一定是他所生活的地方不好，而是他容不得他人，所以看不见身边世界的美好。而第二个人的内心充满了感恩，所以他能够看到世界上的光明。其实，一个人能否容得下他人，也决定了这个世界是否能容得下他自己啊。"

【人生感悟】

这个故事说明了一个交际事实：你的生存环境是否和谐，完全取决于你对别人的态度是否和善。正如那位老人所说的那样，相同的是事，不同的是人。如果你觉得自己周围的环境不够和谐，是否该反思一下：自己是否不断地去指责别人而不懂得审视自己的缺点。每个人都是独立的个体，都有不同的性格和习惯，如果你总是以自己的立场和利益出发去苛责别人，总希望别人去满足自我的需求，那就注定了你无法得到他人的欢迎；而相反，如果你总是以感恩与宽容的态度去对待别人，那你也一定会收获快乐与友善。

与人交际要记住一句话：与别人作对，就是与自己为敌。如果你希望别人如何去对待自己，那你就如何去对待别人。

14. 高尚的事

很久以前有一位国王，他有三个儿子。眼看着自己一天天变老，国王决定将自己的王位传授给三个儿子中的一个。可是，到底要把王位留给哪一个儿子呢？国王冥思苦想，终于想出了一个办法。

有一天，国王把三个儿子叫到跟前说："我已经老了，决定把王位传给你们三兄弟中的一个。但是，有一个前提条件，你们三个都要花一年时间去游历世界，一年后回来告诉我，你们在这一年内所做过的最高尚的事情。只有那个真正做过高尚事情的人，才可以继承我的王位。"很快一年时间过去了，国王的三个儿子都陆续回来了。国王便要他们三个人都讲一讲这一年来的经历。

大儿子得意地说："我在游历世界的时候，曾经遇到了一个富人。他非常信任我，还把他的一袋金币交给我保管。可是不幸的是，那个人出意外去世了，于是我就把那些金币原封不动地交给了他的家人。"国王点点头，说："你做得很对，但诚实是你做人应该具有的品德，所以不能称得上是高尚的事情。"

二儿子自信地说："当我旅行到一个湖边的时候，看到一个可怜的老乞丐不幸掉到湖里了，于是我立即跳下马，从河里把他救了起来，并留给他一大笔钱。"国王又点了点头，说："你做得很好，但救人是你的责任，也称不上是高尚的事情。"这时，富翁又看了看三儿子："你呢？"

三儿子迟疑地说："我没有遇到两个哥哥的那种事。在我旅行的时候我遇到一个人，他总是千方百计地想陷害我，有好几次我差点就死在他的手上。可是，有一天我经过悬崖边时，看到那个人正在悬崖边的一棵树下睡觉，当时我只要一抬脚就可以轻松地把他踢到悬崖下。我想了想，觉得不能这么做，正要离开时，又担心他一翻身掉下悬崖，于是就叫醒了他，然后就继续赶路了。这实在不算做了什么大事。"

国王听了三个儿子的话，点了点头说道："诚实、见义勇为都是一个人应有的品质，称不上是高尚的事情。唯有能帮助自己的仇人，才算得上是一件高尚而神圣的事。"接着，国王严肃地说："只有老三做了一件高尚的事，所以从今天起，我就把王位传给你。"

【人生感悟】

从这个故事我们知道，只有豁达宽容的人，才称得上是品德高尚的人，才可以享受人生的最高境界。所以，我们不要长久地去仇视别人，要懂得用宽容的心，去看待仇视自己的人。要知道，唯有爱才能化解仇恨。所以，做人必须要学会宽容。

对于职业人士来说，每天都要在办公室里待八小时。有的人形容它为"人间地狱"；有的人则视它为实现理想的地方；也有的人把它当作一个社会的缩影。拿与同事的关系来说，如果你总是斤斤计较，那么，你每天都可以碰到四五件令你生气的事情。比如被人诬陷、受人冷言讥讽等等。如果你只是把这些事记在心里，伺机报复。殊不知，正是这种仇恨心理，影响了你的好情绪，真可谓自食其果。俗语说得好："宰相肚里能撑船。"一个人胆量大、性格豁达，方能纵横驰骋；一个人若纠缠于无谓鸡虫之争，非但有失儒雅，而且会终日郁郁寡欢，神魂不定。唯有那些对世事心平气和、宽容大度的人，才能处处契机应缘、和谐圆满。

15. "塔布曼将军"

"塔布曼将军"并不是美国军队中的一位将军，而是美国废奴主义运动的领袖约翰·布朗对哈莉特·塔布曼的一种尊称。今天还没有确切的资料能显示这位伟大女性的年龄，只知道她曾凭一己之力帮助无以计数的黑人奴隶逃亡。她被称为"黑摩西"或"摩西祖母"。

哈莉特·塔布曼生于美国马里兰州一个黑人奴隶家庭，从六岁起，就经常被奴隶主出租给其他人，受到许多非人的待遇，有一次曾经被人用一个两磅的秤砣重重地打在头上，造成她终生要忍受周期性的癫痫发作后遗症。

1849 年，塔布曼的奴隶主死亡，他的妻子为了还债，决定出卖奴隶，塔布曼害怕被卖掉，决定逃亡。当年秋天，塔布曼自己逃到北方。在逃亡的路上，她受到废奴主义者和贵格会教徒的帮助。她逃亡后不久即加入到这些帮助奴隶逃亡的"地下铁路"中，成为最活跃的向导。在地下铁路中，她的化名为"摩西"，她冒着南方重金悬赏缉捕的危险，多次潜回马里兰州带领逃亡奴隶，曾先后回去十几次，亲自救出了七十多名奴隶。

塔布曼在潜回南方营救奴隶过程中，一次也没有被捕过，主要是她非常聪明、大胆、细心，她依靠黑人社区的帮助，在逃亡过程中实行军事纪律，不允许有人掉队被捕。一次她携带两只鸡作为掩护，突然遇到以前奴隶主的一个邻居奴隶主，她将鸡放出假装捉鸡，使得那人没有认出她。

她曾经决定如果有人半道突然改变主意，想打退堂鼓，她一定会将这个人枪决，以免透露消息，不过很值得庆幸的是，这个决定从来没有执行的机会。她曾经自豪地说："我从没有丢失一个我带出来的人"。

1910 年，哈莉特的邻居带她去看了一次新近发明的所谓"电影"或"活动画"，内容是在林肯的故乡斯普林菲尔德，在离林肯墓不远的地方发生的一次蹂躏黑人的暴行。在一张雪白的大床单上，映出了抗议游行的情景：一群黑人小女孩，身穿白色连衣裙，手牵手地在头上挥动一幅标语，上面写着：

"爸爸、妈妈，为什么人家总要杀死我们！"哈莉特离开一团漆黑的"电影"棚来到街上，这时，两个白人——一个拿伞的太太和一个带照相机的先生——向她走来。"喂，老太太！"那位先生喊道，"你知道国内战争的英雄摩西·塔布曼先生住在什么地方吗？我们想给他照张相。"

"摩西·塔布曼？"哈莉特不解地说，"您以为她是男的吗？"

"难道女人也能叫摩西？"照相的人问。

"我们听说她有许多动人心弦的奇遇。"太太补上一句。哈莉特放声大笑起来。

塔布曼凭借她的智慧和勇气，成为美国杰出的废奴主义运动家，也是一位伟大的女性。为此，美国财政部在后来宣布，要将塔布曼的头像印在20元美钞的正面，这就意味着塔布曼将成为"亮相"美钞的首名非洲裔美国人和一个世纪以来美钞上出现的首名女性。

【人生感悟】

德国哲学家康德曾说："身缠万贯的我们是他人的铸造，人的一生的支点在于对于他或她隽永的感恩。"不可否认，人们的成功多多少少需要外界的帮助，或物质，或精神。难道不是吗？一个人不管他多么的富有，成就多么的大，他都无法离开别人的帮助。成长中的你，一路更是需要别人的帮助，而你是否记得对他人说"谢谢"呢？父母、家人、老师、同学、甚至是陌生人，都不应该忘记对他们说声"谢谢"。因为失去水源，干涸的土地变成了戈壁，因为生活中缺少了"谢谢"，世界便成为了冰冷的寒冬。

16. 最有价值的人

从前有一个国王，治国有方，国家在他的统治下，国力强盛。一天，从远方的一个小国来了一个傲慢的使臣，他代表小国的国王进贡了三个金人，每个金人都是纯金打造，工艺精巧，光彩夺目。大国国王看了使者的贡品非常高兴，问这位使者想要什么赏赐。不料这位使者却说，自己不要赏赐，只希望国王能够回答自己一个问题，就是这三个金人哪个

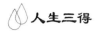

最有价值。

国王被这个问题难住了，因为他用了许多的办法，始终无法得出答案。不论是重量、成色还是做工，这三个金人的价值都是一模一样。国王只好召集文武百官，让他们想想办法。文武百官有分别尝试了各种办法，还是没法的出问题的答案。最后，有人推荐说，上一任宰相见多识广，虽然如今退休在家，但是，如果把他请回来，也许会有办法回答这个问题。

第二天，小国的使者傲慢地站在国王的大殿上，问道："不知国王能否回答我提出的问题？"国王说道："不要急，我马上让我的宰相给你答案。"说着，看了看一旁的老宰相。使者这才注意到，大殿上多了一个须发皆白的老人。只见这位老人胸有成足地拿着三根稻草，走到三个金人面前。他将第一根稻草插入第一个金人的耳朵里，结果稻草从金人的另一个耳朵掉出来了。他又将第二根稻草插入第二个金人的耳朵里，结果稻草从金人的嘴巴里掉出来了。最后，他将第三根稻草插入第三个金人的耳朵里，结果稻草掉进了金人的肚子，什么响动也没有。老宰相指着第三个金人对试着说："这个金人是最有价值的！"使者马上消失了之前的傲慢，站在一旁默默无语，肯定了老宰相的答案。

国王对宰相的方法十分不解，时候问宰相说："为什么第三个金人最有价值呢？"

宰相回答说："第一个人左耳朵听，有耳朵冒，根本无法听从别人的意见，所以毫无价值；第二个人口无遮拦，听什么就说什么，不但没有价值，而且容易惹祸上身；只有第三个人，懂得倾听的重要，听了之后守口如瓶，所以他是最有价值的人。"国王听后，深深被宰相的道理所折服，从此更加尊重这位已经退休的宰相了。

【人生感悟】

所以，懂得倾听的人才是最有价值的人，倾听也是成功与人交际的第一步，是取得信息最可靠的途径，是通往他人内心最有效率的桥梁。

那么，究竟应该怎样倾听才能够获得良好的效果呢？毕竟每个人都长着一对耳朵，而很少有人懂得应该怎样去用它们。听与倾听的区别就在于：听是一个人本能的生理行为，只要耳朵没有问题的人，都可以听；而倾听则是一个人的心理行为，要想学会倾听，必须掌握倾听的技巧：在内心里尊重对方。

17. 谁知父母心

在很久以前，我的家乡有一棵苹果树。那时有一个小男孩每天都喜欢来到树旁，和这棵苹果树一起玩耍。小男孩时而爬到树顶吃苹果，时而躺在树阴里睡午觉。他很爱这棵苹果树，这棵苹果树也很爱他。

随着时间的流逝，小男孩长大了，他很少到树旁玩耍了。当苹果树悲伤地哀求说："来和我玩吧！"男孩却回答说："我不再是小孩子了，也不想和一棵苹果树玩耍了。我现在想要的是玩具，我需要钱来买好多玩具。"听了男孩的话，苹果树回答说："很遗憾，我没有钱给你买玩具。但是你可以摘我的苹果去卖，这样你就有钱去买玩具了。"于是男孩摘掉树上所有的苹果，高兴地离开了。

又过了很长时间，男孩几乎不再看望苹果树了。苹果树哀求道："来和我玩吧。"男孩回答说："我没有时间玩，我得为我的家庭工作，我们需要一个房子来遮风挡雨。"听了男孩的话，苹果树回答说："很遗憾，我没有房子。但是，你可以砍下我的树枝来建造你自己的房子。"于是男孩砍下了苹果树所有的树枝，高兴地离开了，苹果树也觉得很高兴。

又过了很长时间，男孩几乎不再看望苹果树了。苹果树哀求道："来和我玩吧。"男孩回答说："我现在已经开始老了，不想再来这里和你玩了，我想去航海。"听了男孩的话，苹果树回答说："对不起，我没有船送给你，但是你可以用我的树干去造一条船，这样你就能航海了。"于是，男孩砍倒了树干，高兴地航海去了。

许多年后，当年的男孩已经变成了老人。当他再次来到苹果树的面前时，苹果树说："对不起，我的孩子，现在我再也没有任何东西可以给你了。"男孩回答说："我已经没有牙齿可以吃你树上的苹果了，也没有力气去爬你的树干了。现在，我什么东西也不需要，只想要一个地方来休息休息。"听了男孩的话，苹果树回答说："太好了！快过来和我一起休息吧。我的树墩就是休息的最好地方。"于是男孩在树墩上坐了下来，苹果树高兴地笑了。

其实，那颗苹果树是我们的父母。我们小的时候，他们陪我玩耍，长大后，我们却一再离开他们。只有在我遇到了困难，需要他们的时候，才会回到他们的身边。尽管如此，父母却总是对我们有求必应，为了我们的幸福，无私地奉献自己的一切。

【人生感悟】

世界上最无私的人就是父母，而世界上最无知的人往往就是儿女，所以古人才会说："可怜天下父母心。"当然，天下最值得可怜的并不是父母的苦心，而是不懂得知恩图报的儿女。

当父母们处在壮年时，他们无私地供给着儿女所需要的一切，当父母到了老年时期，儿女们却常常把他们当成是累赘。直到当年的儿女自己也成了父母，才知道自己的父母曾经为自己付出了那么多。正所谓"不养儿不知父母忧"，希望天下的子女们能够早一点懂得父母的良苦用心，早一点让他们得到自己应有的回报。

Part 8 婚恋真义：
聚散由缘定，无须太纠结

　　世间的万事万物皆有相遇、相随、相乐的可能性。有可能即为有缘，无可能即为无缘。缘，是无处不在，无时不有的，所有的人皆在缘的网络之中。常言说道："有缘千里来相会，无缘面对不相识。"万里之外，异国他乡，陌生人对你哪怕是相视一笑，便是缘分。也有的虽然心仪已久，但却无法相会。缘，有聚有散，有始有终。有人悲叹："天下没有不散的筵席。既然要散，又何必相聚呢？"其实，缘分只是一种存在，只是一个过程，这个过程会让人生变得有滋有味。当然，缘分也是人力所无法左右的。所以，在对待婚姻爱情，要学会惜缘，即缘来了就珍惜，缘散了就要学会放手。也就是说，当感情来的时候，要懂得好好地珍惜，当分手时，无须过分地痛苦，只有随缘放手，才能体味到爱情的真滋味。

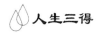

1. 真爱的答案

一天，一位青年找到智者，问他说："恋爱中，我究竟该找一个我爱的人做妻子，还是找一个爱我的人做妻子呢？"

智者笑了笑说："这个问题其实在你自己的心底。这么多年来，你爱得死去活来，能让你感觉到生活的无限充实，能让你抬头挺胸不断往前走的，是你爱的人，还是爱你的人呢？"

青年人也笑了笑说："周围的朋友都建议我说，应该找一个爱我的人做我的妻子。你是怎么看的呢？"

智者说："如果真是那样的话，你的一生就注定会碌碌无为！因为你选择一个爱你的人，就会停滞你自我完善的脚步了……"

还没等智者说完，青年立即抢过了智者的话："那我要是追到了我爱的人呢？和她结婚，会不会就会完美了呢？"

智者说："因为她是你最爱的人，让她活得幸福和快乐会被你视作一生中莫大的幸福。所以，你还会为了她生活得更为幸福而不断地努力。幸福和快乐是没有极限的，所以你的努力也将没有极限，会劳碌一生！"

青年说："如此这样，我的一生不是会活得很辛苦吗？"

智者说："这么多年了，你觉得自己很辛苦吗？"

青年摇了摇头，又笑了，随后又问道："既然这样，那我不是一定要善待爱我的人呢？"

智者摇了摇头，反问他说："你需要你所爱的人去善待你吗？"

青年说："需要。"

智者说："说说你的原因！"

青年说道："我对爱情的要求是苛刻的，那就是我不需要这里面夹杂着太多的同情和怜悯。我要求她是发自内心地真心爱我的，同情、怜悯、宽容和忍让虽然也是一种爱，也会给人带来一定意义上的幸福感。但我对其是深恶痛绝的，它们让爱情夹杂了杂质。如果这样，我宁愿对方不理睬我，又或者直接拒绝我的爱意，在我还来得及退出来的时候，因为爱情会让人越陷越深，绝望比希望来得更为实在一些。因为绝望的痛是一刹那的，而希望的痛则是无期限的。"

智者却笑了，说道："很好，你已经说出了真爱的答案！"接着对青年说道："不管你选择爱你的人，还是选择你爱的人，真正的爱情都是无欲无求的，都没有那么累！"

青年接着问："在这样的一个时代，这样的社会中，如我这样的一个人辛苦地去爱一个人，是否值得呢？"

智者笑着说道："你自己以为呢？"

青年想了又想，却无言以对。

智者也沉默了一会儿，终于开口道："路既然是自己选择的，不管选择'我爱的人'，还是'爱我的人'，都会赋予生命一个极美丽的过程，无论你选择什么，只要真爱在，便不会感觉到累。在爱情面前，无论你选择什么，无论结果怎么样，都不要去怨天尤人，只要做到无怨无悔即可！

青年恍然大悟，连忙向智者点了点头。

智者长吁了一口气，知道青年已经完全听懂了，就用极为坚定的目光看了他一眼，然后语重心长地说道："在千万年之中，于万千人之间，时间无涯的荒野里，遇到自己所要遇到的人，这本身就是一种奢求、一种幸福。喜欢一样东西，就要学会欣赏它，珍惜它，使它更弥足珍贵。喜欢一个人，就要让他快乐，让他幸福，使那份感情更真挚。在你的人生中，真正爱你的人会是谁？如果你的生命中出现了一个能为你痴心等待，并且无怨无悔付出一生的人，那么请你一定要抓紧对方的手。爱情有时候不需要所谓的山盟海誓，只是需要一个在你困苦、迷惑时却依旧

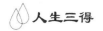

能够微笑着站在你背后的人。"

青年满心欢喜地离开了。

【人生感悟】

婚姻爱情,是一个历久不衰的生活话题。在爱情中徘徊,我们总会纠结于该选择"爱我的人"还是"我爱的人"。其实,不管选择"我爱的人",还是"爱我的人",都会赋予生命一个极美丽的过程,无论你选择什么,无论结果怎样,只要做到无怨无悔即可。所谓"真爱无言",便是对爱情的最好解释。爱,是心灵与心灵间的相知,它无须过多的甜言蜜语来修饰,所以不必挖空心思地讨好对方。真正相爱的人,是毫无计较、无私地为感情付出,唯一期盼的只是对对方的疼惜;真正相爱的人,一个动作、一个眼神,都能让人心领神会,那一份相知的默契胜过一切物质所带来的欢悦。真正的爱情是无欲无求的,真正的爱情也是不累的,即便是一味地付出,也是极为甜蜜的。

2. 两千年的等待

有个年轻美丽的女孩,出身豪门,家产丰厚,又多才多艺,日子过得很好,媒婆也快把她家的门槛给踩烂了。但她一直不想结婚,因为她觉得还没见到她真正想要嫁的那个男孩。

直到有一天,她去一个庙会散心,于万千拥挤的人群中,看见了一个年轻的男人,不用多说什么,反正女孩觉得那个男人就是她苦苦等待的结果了。可惜,庙会太挤了,她无法走到那个男人的身边,就这样眼睁睁地看着那个男人消失在人群中。后来的两年里,女孩四处去寻找那个男人,但这人就像蒸发了一样,无影无踪。女孩每天都向智者祈祷,希望能再见到那个男人。她的诚心打动了智者。

智者说:"你想再看到那个男人吗?"

女孩说:"是的! 我只想再看他一眼!"

智者："你要放弃你现在的一切，包括爱你的家人和幸福的生活。"

女孩："我能放弃!"

智者："你还必须修炼五百年道行，才能见他一面。你不后悔?"

女孩："我不后悔!"

女孩变成了一块大石头，躺在荒郊野外，四百多年的风吹日晒，苦不堪言，但女孩都觉得没什么，难受的是这四百多年都没看到一个人，看不见一点点希望，这让她都快崩溃了。

最后一年，一个采石队来了，看中了她的巨大，把她凿成一块巨大的条石，运进了城里，他们正在建一座石桥，于是，女孩变成了石桥的护栏。

就在石桥建成的第一天，女孩就看见了，那个她等了五百年的男人!他行色匆匆，像有什么急事，很快地从石桥的正中走过了，当然，他不会发觉有一块石头正目不转睛地望着他。男人又一次消失了。

再次出现的是智者。

智者："你满意了吗?"

女孩："不! 为什么? 为什么我只是桥的护栏? 如果我被铺在桥的正中，我就能碰到他了，我就能摸他一下!"

智者："你想摸他一下? 那你还得修炼五百年!"

女孩："我愿意!"

智者："你吃了这么多苦，不后悔?"

女孩："不后悔!"

女孩变成了一棵大树，立在一条人来人往的官道上，这里每天都有很多人经过，女孩每天都在近处观望，但这更难受，因为无数次满怀希望的看见一个人走来，又无数次希望破灭。若不是有前五百年的修炼，相信女孩早就崩溃了! 日子一天天的过去，女孩的心逐渐平静了，她知道，不到最后一天，他是不会出现的。又是一个五百年啊! 最后一天，

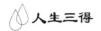

女孩知道他会来了，但她的心中竟然不再激动。

来了！他来了！他还是穿着他最喜欢的白色长衫，脸还是那么俊美，女孩痴痴地望着他。这一次，他没有急匆匆地走过，因为，天太热了。他注意到路边有一棵大树，那浓密的树荫很诱人，休息一下吧，他这样想。他走到大树脚下，靠着树根，微微地闭上了双眼，他睡着了。女孩摸到他了！他就靠在她的身边！但是，她无法告诉他，这千年的相思。她只有尽力把树荫聚集起来，为他挡住毒辣的阳光。千年的柔情啊！男人只是小睡了一刻，因为他还有事要办，他站起身来，拍拍长衫上的灰尘，在动身的前一刻，他回头看了看这棵大树，又微微地抚摸了一下树干，大概是为了感谢大树为他带来清凉吧。然后，他头也不回地走了！

就在他消失在她的视线的那一刻，智者又出现了。

智者："你是不是还想做他的妻子？那你还得修炼。"

女孩平静地打断了智者的话："我是很想，但是不必了。"

智者："哦？"

女孩："这样已经很好了，爱他，并不一定要做他的妻子。"

智者："哦！"

女孩："他现在的妻子也像我这样受过苦吗？"

智者微微地点点头。

女孩微微一笑："我也能做到的，但是不必了。"

就在这一刻，女孩发现智者微微地叹了一口气，或者是说，智者轻轻地松了一口气。

女孩有几分诧异："智者也有心事？"

智者的脸上绽开了一个笑容："因为这样很好，有个男孩可以少等一千年了，他为了能够看你一眼，已经修炼了两千年。"

【人生感悟】

古人说："十年修得同船渡，百年修得共枕眠。"成为夫妻不仅需要难得的缘分，更需要付出长久艰辛的修行。修行不仅需要付出和执着，更应该懂得取舍和放下，因为在爱情的修行中，如果没有找到对的人，那么受苦的不仅是自己，还有苦苦等待的另一半。

那么，我们在爱情的修行中应该如何取舍呢？首先就要明白爱情中最重要的是精神上的情投意合，而非物质上的安慰。或许，物质的保障的确能够使爱情摇曳多姿、光彩照人，但是这些恍如浮云般的风花雪月却不一定会换来最为坚贞的爱情。爱情之所以越淡越真，就在于不管是红颜还是白发，双方都依旧是彼此心中的宝，最为温暖的依靠。其次，还要懂得一切随缘。也许上天为我们安排的爱人并非我们心目中的完美爱人，但是却是我们命中注定的爱人。所以，执着于自己内心的想法不但让自己痛苦，更让自己的爱人难受。不如听从命运的安排，转身去拥抱那个为我们苦苦等待的人。

3. 前世今生

她是一个在老者前守候的精灵。有一天在看明镜里的尘世的时候，她看见了一个男子，一身深蓝色的衣，在街市上平静地站着，孤独而高傲。精灵一下子被打动了，她指着那个男子对老者说：老者，你可以满足我一个愿望吗？老者微笑着，看看手中的花，对她说，你要什么？精灵说，我要去陪伴那个男人。

老者依然微笑，他问精灵，你知道什么是陪伴吗？精灵有些疑惑。老者继续说，陪伴，就是把你的生命永远地融进那个人的生命里。精灵仿佛有些明白。可是，老者说，你是精灵，他是人，他不过只有一百年的寿命，你却是永生的。精灵有些慌张，问老者，那我要怎样才能有和他一样的生命呢？老者说，你要变成人，你要经历红尘。

精灵说，那老者，你把我放到红尘里吧。老者说，红尘苦。精灵说，可是红尘中有他。

老者说，红尘是海，你不会水性。精灵说，我会攀着自己的信念。

老者知道精灵的坚决，于是对她说，红尘苦，我给你三样东西，一是美丽，一是财富，一是聪明。三样你只能选其一，第一次，你要什么？精灵看了看明镜，说，我要美丽。老者挥了挥衣袖，对精灵说，你去吧。

精灵于是化成一个美丽的女子。可是除了美丽，她一无所有，她成了青楼中一个苦命的妓女，每天弹着琴，坐在人前凝视着那双眼睛。那个男子依然一无所有。他没有钱，只能远远地坐着听女子的琴。女子固执地把自己头上的青丝抛给他，他捧在手心。

女子被一个高官看中，要纳为小妾，女子不从。女子忧伤地看着那个男人，把一把剪刀刺进自己的心怀。

女子重新变成精灵。老者问她，第二次，你要什么？精灵说，我要财富。老者依然挥了挥衣袖。精灵于是变成了一个富豪的女儿，应有尽有，偏偏没有爱情。女子依然固执地爱着那个男人，甚至把她所有的东西都和男人分享，可是她发现男人看她的眼睛始终是冰冷的。他挥霍着她的金钱，也挥霍了她的情感。

男人对女子说，你太有钱了，所以你注定无法失去，你也就无法拥有感情。

女子痛哭着把一把刀刺向男人。女子重新变回精灵。这一次，她对老者说，我要聪明。老者于是把她变成一个聪明万分的女子，重新在红尘里陪伴她的男人。女子实在太聪明了，所有的一切都用精确的方程式来计算着，她用自己的聪明去接近那个男人，甚至算计着那个男人，可是那个男人看她的眼神始终是冷冰冰的，甚至有仇恨。女子哭着问他为什么，他说，你实在太聪明了，我不过是你手中的一个数字，任凭你把我随便拉进一个方程式。你对我只有占有，没有感情。

于是男子投身战争，死在一个敌人的刀下，血流一地。女子再次成为精灵。这次，老者还没开口，精灵就已经落泪了。老者惊异地发现精灵有了感情。老者说，你已经无法脱离红尘，我只能给你最后一样东西了，你要什么？精灵闪动着泪光，对老者说，我什么也不要，我只要他爱我，永远爱我。

老者不语，挥挥衣袖。这一次女子看着那个男人温柔地把自己抱进怀里，温柔地吻了吻她带着泪花的眼睛。女子惊异地发现她变成了那个男人的女儿，被他疼爱一生一世。

【人生感悟】

每个人都想在人生中找到属于自己的真爱，但是，在找到另一半之前，我们先要让自己变成理想的爱人。什么样的女人才最让男人疼爱，这是每个女人都想知道的问题。

美丽，可以打动男人的心，但是不足以让男人珍爱一生。随着岁月的流逝，当倾国倾城变成了人老珠黄，美丽所赢得的爱情也就只剩下了一片风沙。

财富，可以征服男人的欲望，但是不足以得到男人的真心。一个愿意为了财富而放弃爱情的男人，显然已经失去了爱情的真谛。

聪明，可以体察男人的内心，但是不足以走进他们的内心。

那么，究竟什么才是女人获得爱情的法宝呢？答案就是温柔的女人味。只有柔情似水的女子才配得上男人的伟岸阳刚。男人是百炼钢，女人就应该是绕指柔；男人是万仞松，女人就应该是纤纤藤。当然，这并不意味着女人一定要依靠男人，但是温柔的女人更能收获属于自己的爱情。

4. 世间最珍贵的

在很久很久以前，有一座圣安禅寺，每天都有许多人上香拜佛，香火很旺。在圣安禅寺前的横梁上有个蜘蛛结了张网，由于每天都受到香火和虔诚的祭拜的熏陶，蜘蛛便有了佛性。经过了一千多年的修炼，蜘蛛佛性增加了不少。

忽然有一天，智者光临了圣安禅寺，看见这里香火甚旺，十分高兴。离开寺庙的时候，不经意间抬头看见了横梁上的蜘蛛。智者停下来，问这只蜘蛛："你我相见总算是有缘。我来问你个问题，看你修炼了这一千多年来，有什么真知灼见？世间什么才是最珍贵的？"蜘蛛想了想，回答到："世间最珍贵的是'得不到'和'已失去'。"智者点了点头，离开了。

就这样又过了一千年的光景，蜘蛛依旧在圣安禅寺的横梁上修炼，它的佛性大增。一日，智者又来到寺前，对蜘蛛说道："你可还好，一千年前的那个问题，你可有什么更深的认识吗？"蜘蛛说："我觉得世间最珍贵的是'得不到'和'已失去'。"智者说："你再好好想想，我会再来找你的。"

又过了一千年，有一天，刮起了大风，风将一滴甘露吹到了蜘蛛网上。蜘蛛望着甘露，见它晶莹透亮，顿生怜爱之意。蜘蛛每天看着甘露很开心，它觉得这是三千年来最开心的几天。突然，又刮起了一阵大风，将甘露吹走了。蜘蛛觉得一下子失去了什么，感到很寂寞和难过。这时智者又来了，问蜘蛛："这一千年，你可好好想过这个问题：世间什么才是最珍贵的？"蜘蛛想到了甘露，对智者说："世间最珍贵的是'得不到'和'已失去'。"智者说："好，既然你有这样的认识，我让你到人间走一遭吧。"

就这样，蜘蛛投胎到了一个官宦家庭，成了一个富家小姐，父母为她取了个名字叫蛛儿。一晃，蛛儿到了16岁了，已经成了个婀娜多姿的少女，长得十分漂亮，楚楚动人。

这一日，皇帝决定在后花园为新科状元郎甘鹿举行庆功宴席。席间来了许多妙龄少女，包括蛛儿，还有皇帝的小公主长风公主。状元郎在席间表演诗词歌赋，大献才艺，在场的少女无一不被他折服，但蛛儿一点也不紧张和吃醋，因为她知道，这是智者赐予她的姻缘。

过了些日子，说来很巧，蛛儿陪同母亲上香拜佛的时候，正好甘鹿也陪同母亲而来。上完香拜过佛，二位长者在一边说上了话。蛛儿和甘鹿便来到走廊上聊天，蛛儿很开心，终于可以和喜欢的人在一起了，但是甘鹿并没有表现出对她的喜爱。蛛儿对甘鹿说："你难道不曾记得 16 年前，圣安禅寺的蜘蛛网上的事情了吗？"甘鹿很诧异，说："蛛儿姑娘，你漂亮，也很讨人喜欢，但你想像力未免太丰富了一点吧。"说罢，和母亲离开了。

蛛儿回到家，心想，智者既然安排了这场姻缘，为何不让他记得那件事，甘鹿为何对我没有一点的感觉？

几天后，皇帝下诏，命新科状元甘鹿和长风公主完婚，蛛儿和太子芝草完婚。这一消息对蛛儿如同晴空霹雳，她怎么也想不通，智者竟然这样对她。几日来，她不吃不喝，穷究急思，灵魂就将出壳，生命危在旦夕。太子芝草知道了，急忙赶来，扑倒在床边，对奄奄一息的蛛儿说道："那日，在后花园众姑娘中，我对你一见钟情，我苦求父皇，他才答应。如果你死了，那么我也就不活了。"说着就拿起了宝剑准备自刎。

就在这时，智者来了，他对快要出壳的蛛儿灵魂说："蜘蛛，你可曾想过，甘露（甘鹿）是由谁带到你这里来的呢？是风（长风公主）带来的，最后也是风将它带走的。甘鹿是属于长风公主的，他对你不过是生命中的一段插曲。而太子芝草是当年圣安禅寺门前的一棵小草，他看了你三千年，爱慕了你三千年，但你却从没有低下头看过它。蜘蛛，我再来问你，世间什么才是最珍贵的？"蜘蛛听了这些真相之后，好像一下子大彻大悟了，她对智者说："世间最珍贵的不是'得不到'和'已失去'，而是能把握现在的幸福。"话刚说完，智者就离开了，蛛儿的灵魂也回位了，睁开眼睛，看到正要自刎的太子芝草，她马上打落宝剑，和太子深情地拥抱着……

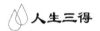

的确。有的人在得不到的时候，总是垂涎三尺，却在拥有的时候，不去珍惜，当一切都成为过眼云烟的时候，又开始后悔。世间最珍贵的不是"得不到"和"已失去"，而是现在能把握的幸福。

乞丐有乞丐的美梦，富翁有富翁的烦恼。没钱的时候，向往有钱的生活；有钱的时候，怀念没钱的日子。单身的时候，向往爱情的浪漫；结了婚以后，向往独身的自由。忙碌的时候，向往闲暇时的轻松；闲暇的时候，向往忙碌的充实。幸福的味道不是甜蜜，而是平淡；不是浓烈的芬芳，而是淡淡的幽香。这个世界上，每个人都有自己的定位，每个人也都有自己的追求。选择适合自己的生活，便是真正的幸福。

5. 不要让真爱错过

阿强和小雯是大学同学，阿强第一眼见到小雯就坠入了爱河，爱上了这个温柔娴静的女子。但是，阿强一直觉得很自卑，觉得自己配不上小雯，所以一直没有勇气说出来。毕业后，阿强放弃了留在大城市的机会，选择去小雯从小生活的地方工作，但是，他依然没有勇气说出那个"爱"字。因为，此时的阿强依然觉得他太平凡了，觉得自己根本配不上天生丽质，家庭条件又很优越的小雯。小雯的心里当然知道阿强是喜欢她的，在大学里的时候，虽然小雯总是被男生众星捧月般宠着，但是她的心里只有阿强一个人，她喜欢阿强的老实憨厚；但是，她希望阿强能像个男子汉一样说出自己的爱，小雯心想，只要阿强对她表白她就答应他。但是，等了四年，小雯也没等到那句话，所以就以为是自己自作多情了。

在父母的催促下，小雯嫁人了。参加完婚礼的那个夜晚，阿强喝得烂醉如泥。为了自己失去的爱情，阿强哭了；但是一想到小雯有了爱的归宿，他又笑了，此后的阿强一直未娶。虽然父母和朋友也给他介绍了不少气质很好的女孩子，但是阿强的心中只有小雯，他再也找不到爱的感觉了，没有一个女孩子能代替她在他心中的位置。

两年后，小雯的丈夫拿到绿卡后，给小雯寄来一纸离婚书。阿强听到了这个消息，心里说不出的滋味，他觉得自己心里一阵刺痛，转念又是一阵欢喜。他在为那个不懂得珍惜的男人而痛心，同时知道自己不能再失去这个机会。于是，激烈的思想斗争过后，阿强终于鼓足了勇气，他决定要把这么多年埋藏在自己心里的爱全说出来，今生今世与她在一起，一辈子再也不让她受到任何伤害。

于是，阿强买了一大束玫瑰去小雯的单位找她，走进小雯单位的办公大楼时，阿强不好意思地把玫瑰藏在自己西服里，其实早已过了下班的时间，大楼里一个人影也没有。阿强径直来到小雯的办公室，透过玻璃，阿强看到办公室里只有小雯一个人在望着窗外。阿强捧着玫瑰花，静静站在门外等小雯回头，他想：只要她一转过身来，我就把玫瑰和自己的心送给她。但是小雯并没有马上转过身来，她在静静地拨着电话号码，阿强看着她优雅而高挑的背影，被即将到来的幸福陶醉了。

"老公，我临时有点事，可能要晚点才能过去，你们在酒店的几号包厢？"

小雯的声音犹如一把锋利的尖刀刺进了阿强的心里，一阵昏眩之后，阿强觉得自己的心里在淌血，他使尽全身力气扶住门框才没跌倒。稳住了心神之后，阿强准备悄悄地转身下楼，希望小雯不要知道自己来过，希望自己不要打扰到小雯的幸福。阿强急急地走着，却与一个迎面而来的女孩撞了个满怀，刚要张口说对不起，对方却笑盈盈地抢先开了口："玫瑰是送给我的吗？"

阿强这才看清，自己撞的女孩是另一大学同学：小静。小静是阿强单位局长的女儿，一直喜欢着阿强，但是由于小雯的关系，阿强一直装

作不知道。面对这样的尴尬，阿强笑了笑，默默地把自己手中的玫瑰递给了小静。小静接过花后，激动地哭了，她牵着阿强的手幸福地依着他走出大楼。

很快，阿强和小静领了结婚证，虽然阿强从来没有爱过小静，但是他们的日子总算过得安静踏实。知道多年后，阿强已经是一个重要部门的处长，在一次酒会上，他又遇到了小雯。虽然岁月的痕迹已经出现在脸上，但是此时的小雯依然风姿秀逸，端庄典雅，给人一种可望而不可及的感觉。看着小雯眉目间带出的忧郁，阿强心里不由得一动，得知小雯依然一个人生活，阿强有些吃惊。

趁着酒会的空当，小雯幽幽地问阿强："那天在我办公室门外，你为什么突然走了？"

阿强吃了一惊，没想到小雯原来知道自己站在门外，只好苦笑着说："我听见你和你老公在打电话，就没敢打扰。"

小雯的眼泪像断了线的珠子，再也抑制不住，一下涌了出来。原来，那天小雯的一个同事要去南方出差，办公室的同事集体为他饯行。当时小雯正要下楼，但是透过窗户看见阿强捧着一束玫瑰花正要上楼，所以小雯赶紧给自己一位姓宫的科长打电话，说自己可能要去迟些。由于办公室里大家一直戏称宫科长为"老公"，所以那天自己就叫顺了口，结果被误会了。

知道真相的阿强一句话也说不出来，他只觉得一股冷气从脚心往上直冲，当年那中心被刺痛的感觉再次涌上心头，双手颤抖着，眼角一阵酸楚。因为这么多年来，阿强怎么也没想到，正是自己的不好意思让自己错过了一辈子的爱，正是缺少一句简单的"我爱你"让他失去了爱情的幸福。

【人生感悟】

爱情不仅是浪漫的风花雪月，也不完全是生活中的柴米油盐，它还是一种承诺，需要我们的证实和表达。爱情的表达方式可以是深夜花园中的吟唱，可以是花前月下的山盟海誓，因为这些都意味着承诺和责任，意味着接受和渴望。

爱，就是打开心扉，让它自由地流淌，让对方看得到、听得到、感受得到。不管多忙，都不要忘记给爱人打个电话；不管多累，都要在回家之前给爱人一个拥抱；不管生活中有多少烦恼，都应该给爱人一个微笑，心中有爱，我们就应该大声说出来，用行动和语言表达心中那份温暖与幸福。爱不表现则不存在，爱情是需要表达的。

6. "给"与"爱"

北京大学著名的教授林语堂，和他的妻子廖翠凤的婚姻可谓是一段佳话。林语堂曾经说过："在婚姻中，一定要尽可能多地给予对方，而不要去计较对方能给你回报多少。"而在他们的婚姻生活中，他们夫妻俩真的做到了。

当廖翠凤与林语堂拟定终身时，廖翠凤的母亲却坚决不同意这桩婚事，因为那时候的林语堂是只一个家境贫寒的牧师的儿子，而廖翠凤却是首富廖家的二小姐。当廖翠凤问母亲为什么不同意时，母亲说"家里太贫穷，怕她嫁过去会受苦"。廖翠凤却很坚决地说："我不害怕贫穷，贫穷又算得了什么呢！"就是她这一句话，让林语堂加深了对她的爱慕之情，最终成就了她与林语堂的婚姻。

1919 年初，林语堂与廖翠凤正式举办了婚礼，两个人的幸福生活开始了。有一天，林语堂把妻子拉到跟前，说有事要跟她商量。廖翠凤看他神神秘秘的样子，猜不出他到底要干什么。林语堂这才很严肃地说："我们把结婚证拿去烧了吧，反正只有在离婚的时候才用得着。"廖翠凤困惑不解，以为林语堂不重视他们之间的婚姻。林语堂看出妻子开始胡思乱想了，于是解释道："烧掉结婚证，就表明我们两个永远相亲相爱，永不分开。"廖翠凤这才明白了，就答应了林语堂的要求。

结婚没多久，林语堂和廖翠凤决定一起去美国哈佛大学求学。他们在哈佛读了一年后，两个人的助学金全部被校方停止了，他们的日子便开始过得有点困难了。于是，林语堂只好前往法国打工，后来又去了德国。林语堂先是在耶鲁大学攻读，没过多久就获得了哈佛大学的硕士学位。后来，他又到莱比锡大学攻读比较语言学，最终获得了博士学位。在这几年中，每次经济困难时，廖翠凤变卖自己的首饰来维持生计。

林语堂在与廖翠凤相处的过程中，如果廖翠凤生气了，林语堂便一句话也不说；如果他们真的吵架了，林语堂也不放在心上。他的观点是"少说一句，比多说一句好。如果有一个人不说，那就更好了"。在他认为，夫妻之间拌嘴，无非就是意见不合，如果两个人为了一个观点争吵不休，只会徒增摩擦和烦恼；与其让彼此不痛快，倒不如有一个做出让步，让彼此都好过。

曾经有人问林语堂夫妇："能说说你们之间的爱情能够保持这么久的秘诀吗？"他们夫妇二人抢着说："没有什么秘诀，只有两个字'给'与'爱'"。

【人生感悟】

在家庭生活中，如果夫妻计较的太多，生活将无法继续下去。要想维持好一段婚姻，仅仅有爱情、有亲情是不够的，还必须得有包容心。凡事如果计较得太多，不但徒增了烦恼，还会失去家庭原有的和谐。可见，不计较是一种宽容，是一种智慧，更是一种责任。

所以，一个有智慧的人，会主动为对方付出。有的人在婚姻中如果终日计较自己得到的够不够多，够不够完美。殊不知，在无形之中，他们已经失去了内心需要的那份快乐，而给自己的生活增添了不必要的烦恼。

人世间的得与失没有恒定的标准，关键就在于你怎么去看待。如果你在面对失去时，总是一副痛苦不堪的样子。那么，在情绪的天平上，你烦恼的砝码就会增加。相反，如果你不去计较得失，快乐潇洒地去看待这一切，你会发现，其实你的生活并没有那么多的负担。这时候，你会觉得自己的家庭生活很轻松、很快乐。

7. 当爱已成往事

一个月色明亮的夜晚，天上嵌满了闪闪发光的星星，像细碎的流沙铺成的银河斜躺在青色的天宇上。银白的月光洒在地上，溶溶的月光，悠悠的海水。夜的香气弥漫在空中，织成了一个柔软的网，把所有的景致都罩在里面。在一个靠海的小木屋里，一位智慧老人正在盘膝而坐。突然间，智慧老人隐约听到了几声哭泣，声音好像来自山脚下的海边。从窗外望去，智慧老人看见哭泣的人好像是一位年轻的女子。夜这么深了，到底发生了什么事呢？智慧老人感到十分疑惑，想去一探究竟。于是，智慧老人，从山上的小木屋走了出来，急忙向海边奔去。

果然，月色当空，海风习习，在海边高高的岩石上，站立着一个白色的身影。智慧老人还没来得及抓住轻生女子的衣袖，那女子纵身一跃，跳入海中。智慧老人急忙跳入海中，几经挣扎，终于将年轻女子救上了岸。可奇怪的是，被智慧老人救起的她，不但不感激，反而一脸的忧伤，埋怨智慧老人多管闲事，不如让她一走了之。

过了一会，等到年轻女子平静以后，智慧老人问她："年轻人，什么事想不开啊，为何年纪轻轻要选择轻生之路呢？"

年轻女子喃喃地说道："这是我的美梦开始的地方，所以也应该在这里终结……"

原来，三年前，就在这风景如画的海边，她与一个前来旅游的人不

225

期而遇，两人一见钟情，不久喜结连理，发誓共同走完美好的人生。一年后，两人便有了爱情结晶——一个聪明可爱的儿子，夫妻二人甚是喜欢，夫唱妇随，一家三口其乐融融。家庭的温馨惹得乡里乡亲十分羡慕。可是好景不长，一年后，那个渴望让自己和她共度人生夕阳的爱人，却已喜欢上别的女人，躲得无影无踪了。

丈夫跟别人走后，她日夜不停地哭泣，真好像天塌下来一样难以承受，昔日的甜蜜早已烟消云散，她觉得人生对她已经没有任何意义，但她又不能离开，她得为她的宝贝儿子活着。然后这不是她最后的苦难，让她痛心不已的是，她那活泼可爱的宝贝儿子在上个月也因患不治之症而亡。

"我一个女人，没有了丈夫，没有了儿子，再也没有了幸福，活着还有什么意义？不如一死了之，还来得痛快，所以……"年轻女子泣不成声、悲痛欲绝。这时，智慧老人不但没有开导她、可怜她、安慰她，反而放声大笑："哈哈……"

年轻女子被他莫名其妙地笑愣了，不知不觉停止了哭泣。

智慧老人笑够了，问年轻女子："三年前，就在此地，你有丈夫吗？"

年轻女子摇摇头。

"那么，三年前，踏上这里时，你有儿子吗？"智慧老人继续问道。

年轻女子再次摇头。

"那么，你现在不是和三年前的那时一模一样吗？那时，你独自一个人生活，独自一个人旅游，独自一个来到海边，是来自杀的吗？"

年轻女子顿时愣住了。

智慧老人接着说："三年前，你既没有丈夫，也没有儿子，一人来到这里。现在，你与三年前一模一样，仍是独自一人。今天，就像三年前那一天的延续，只不过是还原了一个真实的自己而已。当缘分散尽的时候，过去的就让它过去，不必一直挂在心上。在那过去的日子里，你增长了人生阅历，在你留下这段记忆，畅想未来世界的时候，你会发现，前方还有更美好、更圆满的幸福生活在等着你。事实上，世间的一切，该过去的就应该让他过去，无论痛苦也好，快乐也罢，我们只有放手过去，才能着眼现在，进而把握未来。所以，为什么你不能重新开始呢？"

年轻女子嗫嚅道："现在的我，还可以吗？"

"当然可以！"智慧来人斩钉截铁地说。

年轻女子豁然开朗，一路奔下山去了。

【人生感悟】

当缘分变成遗憾时，我们不必去强求，不必一直挂在心上。人世间的"情"是不确定的，飘散的缘分如同飘落的树叶，永远不可能再回到枝头。分手也如同结束一场宴会，美味已经享尽，剩下的都是些残羹冷炙，不走何待？能与相爱的人相守一生，固然很好，如果真有不爱的一天，既然双方都疲倦了，不妨让彼此都休息一下。要知道，这个世界上没有永远的激情，也没有一成不变的事情。在任何时候，生命的灿烂与辉煌并非只有一处，在你为逝去的美景哭泣的时候，眼前可能就是一幅更美的画卷。不要沉醉于过去的情感，用一颗感恩的心去看待过去并希冀未来，一段更好的感情正在等待着你。

当缘分散尽的时候，不要抱怨，也不要憎恨。既然已经错过了爱情的花期，那么我们何不让它成为生命中一场最为美丽的邂逅呢？只要我们还相信爱情、相信婚姻，不退、不愁，信仰依旧，缘分还有，幸福还在！

8. 夫妻吵架睡即休

从前有一位老者在外面旅行，刚好在路上碰到一男一女吵架，细听之下才知道他们是夫妻。

两夫妻吵得很凶，妻子说："你算什么男人，我嫁给你算是瞎了眼！"

丈夫一听急了，说道："你这泼妇，要是再胡说八道，我就动手

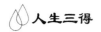

打你!"

妻子一听,大哭起来:"我就骂你,怎么样?有本事,你打我呀!你打呀!"

老者开始只是在一旁微笑观看,这时竟然对其他的路人大喊起来:"大家快来看啊,好戏不要钱啊!平时看斗鸡、斗蛐蛐还要门票,现在这里免费表演斗人,热闹得很,大家快来看啊!"

那对夫妻也没空理会,仍然继续吵架,但是周围已经围上来一些看热闹的人了。

夫妻二人更加剑拔弩张,妻子歇斯底里地喊道:"你杀了我吧,你杀了我吧!你要敢杀了我,我倒觉得你像个男人!"

老者仍旧置身事外,还煞有介事地说道:"真是越来越精彩啊,现在就要出人命了,大家快来看啊!"

围上来看热闹的人自然越来越多,但是大家都觉得这个老头太不成样子,于是就有人看不下去说道:"人家夫妻吵架关你什么事。你一个老人家,不劝架也就罢了,竟然还在一旁看热闹,真是太过分了!"

老者大笑道:"这你就不懂了,夫妻吵架当然关我的事了。你没听见他们俩喊着要杀人吗?一会儿真的闹出人命来,总要有人收尸吧,到时候我可以帮忙啊!"

这时候吵架的夫妻也听不下去了,过来找老者理论道:"你一个老人家,说出这样的话,实在是太不像话了!"

老者不慌不忙地说道:"你们说的有道理,如此说来你们不想吵架啦?"

围观的人都觉得这个老头疯癫,又想看看事情究竟怎么发展下去,就都等着老者把话说完。

老者看了看围着的人群和吵架的夫妻,说道:"如果你们不想吵架了,就听我说两句。冰冻千尺,只要太阳出来了,终究是要融化的;饭菜尽寒，只有灶台里点燃柴火，一定可以变热。夫妻生活难免磕磕碰碰，但是十年修得同船渡，百年修得共枕眠，既然有缘分生活在一起，就应该去做太阳、柴火来温暖对方。"

夫妻两个听了，内心觉得很愧疚，于是马上和好如初了。

▶【人生感悟】

故事中老者的智慧，就在于他能让愤怒的人冷静下来，使他们看到自己本来的样子。正如日本的一休大师所说：夫妻吵架睡即休，粗茶淡饭饱即休，万事太虚过即休。

在婚姻生活中，如果我们都能放下愤怒，去温暖对方，那么自己的内心也会得到安静。如果我们事事与人争吵，那么不论胜负，内心都处在愤怒与不安之中，每天无异于身在人间地狱。慈悲即是天堂，愤怒便坠地狱。慈悲的人，因为心中总是充满了爱，不用别人的错误来惩罚自己，所以身心都生活在天堂之中。愤怒的人，因为总是与人争吵，内心充满了仇恨和不安，所以身心都生活在地狱之中。

所以，为了获得美好的婚姻，我们必须学会放下愤怒，让自己的心灵得到解脱；同时，用自己的光芒，给这个世界带来温暖。

9. 欣赏你的爱人

从前，有一位画家以其作品富有生命气息而闻名，同时代的画家无人能比。他运用色彩的技巧非同寻常。人们看了他的画，都说他画得活灵活现、栩栩如生。

的确，他的画技十分精湛也十分娴熟。他画的水果似乎在诱你取食，而他画布上开满鲜花的田野让人感觉身临其境，仿佛自己正徘徊在田野中，清风拂面，花香扑鼻，彩蝶起舞，鸟语花香。他画笔下的人，简直就是一个有血有肉、能呼吸、有生命的人。

一天，这位技艺出众的画家遇见了一位美丽的女子，心中顿生爱慕之情。他细细打量她，雪白的肌肤、圆润的脸蛋甚是惹人怜，浓密的眉毛、水汪汪的眼睛，仿佛一幅水墨画；和她攀谈，优雅的气质、中肯的谈吐，使得这位画家对她越来越产生好感。这不就是他一直以来寻找的完美女人吗？他对她一片赞扬，殷切关怀，无微不至，终于她被他感动了，女子答应嫁给他。

可是婚后不久，这位漂亮的女士就发现丈夫对她感兴趣原来是从艺术创造出发而非来自爱情，他投入地欣赏她身上的古典美时，好像不是站在他以志终身相爱的爱人面前，而是站在一件艺术品前。不久，他就表示非常渴望把她的稀世之美展现在自己的画布上。

于是，画家年轻美丽的妻子在画室里耐心地坐着，常常一坐就是几个小时，毫无怨言。日复一日，她顺从地坐着，脸上带着微笑，因为她爱他，希望他能从他的笑容和顺从中感受到她对他的爱。

有时候她真想大声对他说："爱我这个人，要我这个女人吧，别再把我当成一件艺术品来爱了！"但是她没有这么说，只说了些他平日里爱听的话，因为他知道他画这幅画时是多么快乐。画家是一位充满激情，既狂热又郁郁寡欢的人。他完全沉浸在绘画中的时候便只能看见他想看见的东西。他一点都没有发现，也不可能发现，尽管她微笑着，但她的身体却在衰弱下去，内心正在经受着折磨。他没有发现，画布上的人日益鲜润美好，而她可爱模特脸上的血色却在逐渐消退。

这幅画终于接近尾声了，画家的工作热情更为高涨。他的目光只是偶尔从画布移到仍然耐心地坐着的妻子身上。然而只要他多看她几眼，看得仔细些，就会注意到妻子脸颊上的红晕消失了，嘴边的笑容也不见了，这些全部被他精心地转移到画面上了。

又过了一段时间，画家审视自己的作品时，准备做最后的润色——嘴边还需要用笔轻轻地抹一下，眼睛还需要仔细地加点色彩。

女士知道自己的丈夫几乎已经完成了他的作品，精神抖擞了一阵子。当画家画完最后一笔时，倒退了几步，看着自己巧手匠心在画布上展示的一切，画家欣喜若狂！

他站在那儿凝视着自己创作的艺术珍品，不禁高声喊道："这才是真正的生命！"说完他转向自己的爱人，却发现她倒在了地上。

【人生感悟】

画家的悲剧在于，他不会欣赏妻子的温情与美丽。婚姻不是工作，画家忘记了在婚姻中他是丈夫，却在用职业的眼光欣赏自己的妻子，而那不是她需要的欣赏，她需要的是对方的爱。欣赏她（他）想让你欣赏的那部分，这就是学会欣赏的诀窍。她对他展现出柔情妩媚、风情万种，你就欣赏并赞美她的柔情；她对你表示出关心关爱，你就赞美和欣赏她的细心体贴；她对你宽容放纵，就不失时机地夸奖她的雍容大度。

有时候，婚姻就如一个人一直在路上走，也会有疲倦的时候，激情因此沉淀了。这个时候，如果能及时晃一晃爱情的水杯，我们就会发现，爱人没变，一切都没变，变化的，只是我们困倦的心。

10.　妻子的职责

朱元璋当了皇帝之后，脾气越来越差，除了拿大臣撒气，回到后宫也常常发飙，看这个不顺眼，看那个不顺眼。每当朱元璋发火的时候，马皇后也会装作生气的样子，赞同朱元璋的意见，但是过后总是想办法安抚皇帝的情绪，让朱元璋不至于因为一时的恼怒而惩罚手下的大臣。

有一天，朱元璋忽然发现了皇后的用意，就问马皇后为什么要这样做。马皇后意味深长地说："陛下生气一定有生气的原因，我赞同陛下是希望陛下能够出气，气消了事情也就过去了，毕竟皇帝不能因为自己一时的情绪给人奖赏或惩罚。当陛下生气的时候，就把他们交给司法机关，就能做出公正的判决了。"朱元璋听了大为感动。

朱元璋脾气很坏，动不动就会暴跳如雷，发起火来大臣们就遭殃，掉脑袋的事也没少发生过。马皇后虽然常常劝阻朱元璋，可他是皇帝，拥有至高无上的权力。对此，马皇后只能尽最大努力，想着办法劝他。因为马皇后的话在朱元璋心里还是有几分重量的，因此也救了不少性命。

有一次，有人揭发说封疆大吏郭景祥的儿子手持长枪要杀父亲，朱元璋听完大怒，当场表示要处死这个逆贼。马皇后却温柔地劝说："郭景祥只有一个儿子，传言也许不可靠，要是真杀了他的儿子，恐怕郭景祥就要断后了。"后来朱元璋冷静下来，派人去调查，发现果然是谣言。

还有一次，皇子们的老师，大学士宋濂因为受牵连被逮捕入狱，按照律法本该被问斩。但马皇后知道宋濂是个忠诚的人，不忍心让他这样无辜死去，便对朱元璋说："老百姓家都知道为子孙而宽待老师，以求礼教有始有终，你是天子，岂能没有这样的见识和肚量？何况宋濂年纪一大把了，退休在家，肯定是不知情的。"朱元璋正在气头上，哪里听得下去。过了一会儿，马皇后伺候他用餐，但不给他酒肉吃。朱元璋问原因，马皇后说："我是为宋先生作福事呀。"朱元璋听后动了恻隐之心，放下筷子饭都不吃了，第二天赦免了宋濂。

即使朱元璋脾气火爆，但对于马皇后却是一往情深，因为马皇后为人正直又温柔贤惠，因此在她死后朱元璋没有再立皇后。而后宫的宫女们更是为了怀念马皇后，曾作歌以示纪念："我后圣慈，化行家邦。抚我育我，怀德难忘。怀德难忘，于万斯年。毖彼下泉，悠悠苍天。"

【人生感悟】

妻子要想成为丈夫的贤内助，除了要懂得操持家务、孝敬公婆、教养子女之外，还要能够帮助自己的丈夫改过从善。比如故事中的马皇后，他深知朱元璋的脾气很暴躁，于是就用"以柔克刚"的方法克制了朱元璋的冲动。在婚姻生活中，聪明的妻子即使很能干也要懂得"示弱"，这是女人的一种智慧。

张小娴曾经说过，女人在两个人的时候要柔弱，在一个人的时候要坚强。张爱玲也曾经说过，善于低头的女人才是聪明的女人。而聪明的妻子在规劝自己丈夫的时候一定要学会以柔克刚。这里的"柔"可以是柔弱，也可以是温柔，但示弱的女人绝不是生活的弱者，因为"柔"只是一种状态，是一种谦虚和温柔的表现。

11. 女人的婚姻

有一位夫人，与丈夫时常意见不合，为此闷闷不乐而造成心病。因此性情变得更加古怪且不讲道理，夫妻间相处愈来愈不和谐。

有一次，正巧有一位具有德行的哲人来到此地，夫人便前去拜见哲人，向她请教与丈夫的因缘，及家庭生活的种种问题。哲人说："我不是掌管阴曹地府的官吏，不能稽查你们夫妻的姻缘簿。我也不是佛菩萨，不能完全洞悉你们的过去、现在、未来三世的因果。然而，对于世间因缘果报的道理，我是知道的，不妨讲给你听听。

"说到夫妻的姻缘，没有一对是没有原因而结合的。大致上说来，那些以恩情善业为前因而结合的夫妇，必然欢愉喜乐。那些以冤怨恶业为前因而结合的夫妇，必然互相违逆，怨苦纠缠。也有非恩情非怨业为前因，或恩怨相间为前因而结合的，他们之间的恩怨亏欠，就会互相给予，互相补偿。这世上的夫妻关系大致如此而已。

"你们夫妇俩，应该就是以冤怨为前因而结合的，这是天命注定的，并不是人所决定的！虽然说既定的因果决定人的命运，但人也可以改变天命。所以释迦牟尼佛建立教法教诲众生，可以借忏悔来自新。只要你努力消除好胜之心，收敛你的傲慢之气，凡事合乎情感，不据理力争而不顾情面。尽力做好你分内的职分，侍奉公公婆婆要孝顺，与妯娌之间

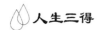

要和睦相处，对待其他侍妾要宽容，并给予恩惠。凡事只管自己，好好尽心尽力，而不必去管别人的作为与看法，或许就可以挽回你们夫妻的感情。

"你只想追问过去的因缘，那是没有帮助的，即使知道得清楚又详明，又有什么用呢?"

下面让我们来分别看看 3 种女人的不同婚姻吧。

第一种女人，她们生性天真浪漫，以为婚姻是恋爱的递进，而踏上婚姻大道就是踏上了一条铺满玫瑰花的香径。

结果进入婚姻之后才发现，玫瑰不见了，浪漫消失了，爱情的温度下降了，而无尽的烦恼和琐碎扑面而来了。

女人眉头紧皱了：这是我要的婚姻吗? 幸福在哪里?

她们哭天抹泪外加找男人的麻烦，她们开始怀旧，希望时光倒流。在回忆与无奈中度日如年，渐渐地婚姻也就在她的怨尤中变成了两人的爱情坟墓。

这样的女人是婚姻坟墓的女主人。

第二种女人，她们高高兴兴地进入婚姻之门，心甘情愿地全身心投入到家庭中。而自从进入婚姻之门，女人身后的大门就被她哐当一声彻底地关上了，从此女人的世界就是这个家，家就是她的世界。

刚开始，婚姻让女人有安全感、舒适感，但是慢慢地女人发现，自己不知不觉成了丈夫和孩子奚落、讥笑的对象。因为她像一个井底之蛙，不知道外面的世界多精彩，又忘记了人生的根本目的是自我实现。

这样的女人往往是容易受伤的女人，是婚姻围城的女主人。

第三种女人，自从进入婚姻的那一刻，她们就知道，婚姻是一个新的开始，是一个与家人一起成长的园地，她们要更努力，成为婚姻这所学校里的优异生。

她们一边经营婚姻，一边耕耘自己。婚姻在她们那里是一块肥沃的土地，她们播种、收获，并关注婚姻田地里每个成员的成长。婚姻之门对她们而言一直是敞开着的，她们的心性也是开放的，她与家庭成员之间是亲密的伙伴关系。

这样的女人，是幸福婚姻的女主人，人生沿途风景秀丽。

▶【人生感悟】

爱情的力量是伟大的，可以让人放弃一切，甚至生命。如果你的所谓最爱离开你，请耐心等候一下，让时日慢慢冲洗，让心灵慢慢沉淀，你的苦就会慢慢淡化。不要过分憧憬爱情的美，不要过分夸大失恋的悲。爱情是一种奇妙的东西，只要缘分来了，感觉对了，不需要任何的理由；如果没缘分、没感觉，再强求也是白费力气。为此，对待爱情，我们切不可过分强求，一切顺势而为，随性随缘，才能让爱情之花美丽而长久。

人世间最能束缚人心，让人心动荡、不安稳，内心痛苦的，就是对男女之情的贪爱。

婚姻与爱情不同，它没有那么强烈，却犹如沙漠中的一片绿洲，让我们疲劳的眼睛感到希望和美。这个世界上或许存在着没有爱情但是依旧幸福美满的婚姻，只要夫妻双方懂得了真相彼此和相互包容，他们可以一边耕耘自己，一边在婚姻中重新收获爱情。

12.　婚姻：一个数学概念

现在世间大多数夫妻，还没有结婚之前，一天不见对方，就如隔三秋、相思入骨、愁肠满腹，好像失去了奇珍异宝般身心不安。但结了婚以后，过不了多久，昔日恩爱的夫妻就像不共戴天的怨敌，整天无休止地争吵，大打出手，甚至闹出人命；一方只要不在眼前出现，另一方就感觉如释重负，感觉非常轻松舒服。他们认为夫妻不和的原因，往往在于对方性格恶劣，人品不贤善，对自己不关心，事业无上进心，对家庭

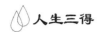

不负责任……却全然不知这完全是因为彼此不懂得经营婚姻而造成的恶果。

一日，一位具有德行的婚姻专家揭示了婚姻的真谛。

台上坐着数十个聚精会神的学生，课堂的内容是《婚姻的经营和创意》，主讲老师是一位德高望重的婚姻专家。他走进课堂，把随手携带的一叠图标挂在黑板上。然后，他缓缓地掀开挂图，上面用毛笔写着一行大字：

婚姻的成功取决于两点：

一、找个好人；

二、自己做一个好人。

"幸福婚姻就这么简单，至于其他的秘诀，我认为如果不是江湖偏方，也至少是些老生常谈。"婚姻专家说。

这时，台下嗡嗡作响，因为下面有许多学生是已婚人士。他们纷纷在讨论婚姻专家关于成功婚姻的这两点论断。不一会儿，终于有一位三十多岁的女子站起来，高声说道："如果这两条没有做到呢?"

婚姻专家笑而不语，而是翻开挂图的第二张，说："那就变成4条了。"

一、容忍、帮助，帮助不好仍然容忍；

二、使容忍变成一种习惯；

三、在习惯中养成傻瓜的品性；

四、做傻瓜，并永远做下去。

婚姻专家还未把这4条念完，台下就喧哗起来，有的说，"不行，怎么能做傻瓜了"；有的说，"这太难了，根本不可能做到"。等大家静下来，婚姻专家说："如果这4条做不到，你还想有一个稳固的婚姻，那你就得做到以下16条。"

接着，婚姻专家翻开第三张挂图，上面同样用毛笔写着：

一、不同时发脾气；

二、除非有紧急事件，否则不要大声吼叫；

三、争执时，尽量让对方赢；

四、当天的争执当天化解；

五、争吵后回娘家或外出的时间不要超过 8 小时；

六、批评时，你的话要出于爱；

七、随时准备道歉认错；

八、谣言传来时，把它当成玩笑；

九、每月给他或她一晚自由的时间；

十、不要带着气上床；

十一、他或她回家时，你一定要在家；

十二、对方不让你打扰时，坚持不去打扰；

十三、电话铃响的时候，让对方去接；

十四、口袋里有多少钱，要随时报账；

十五、坚持消灭没钱的日子；

十六、给你父母的钱一定要比给对方父母的钱少。

婚姻专家一念完，就有人笑了起来，有些人则叹起气来。婚姻专家停了一会儿，说："如果大家对这 16 条建议感到失望的话，如果你还想有一个稳固的婚姻，那你只有做好下面的 256 条了。总之，两个人相处的理论是一个几何级数理论，它总是在前面那个数字的基础上进行二次方。"

接着，婚姻专家翻开挂图的第四页。这一页已不再是用毛笔书写，而是用钢笔，密密麻麻。婚姻专家说："如果婚姻到了这个地步，就已经很危险了。"这时，台下响起了更强烈的喧哗声。

不过，在婚姻专家宣布结束课程的时候，有的人坐在那儿陷入了沉思，有的人则流下了泪。

人生三得

婚姻，这个永恒的话题，多少年来，一直为世人所关注，也是世界上最说不清楚的事情之一，更是人们生存所必须经历的一件人生大事。婚姻是什么？惜缘的人说："婚姻是'百年修得同船渡，千年修得共枕眠'"；作家说："婚姻像围城，城里的想出去，城外的想进来"；经营婚姻的成功者赞美说："婚姻是天堂"；经营婚姻的失败者诅咒说："婚姻是地狱。"走进婚姻后，有的人在这座围城里，精心地经营着自己的婚姻，相爱一辈子、争吵一辈子、忍耐一辈子。而有的人，过得很累，筋疲力尽，但因为责任与道义感的存在，依然坚守着。殊不知，婚姻，就是两个人彼此宽容，相互付出。美满和谐的婚姻需要经营和创意，只要善于经营，便能收获一生的幸福。

Part 9 为人智慧：
宽容才能融洽，忍让方会和谐

　　生活中，我们要想获得快乐与和谐，就要懂得宽容、忍让。如果你以宽容、和气待人，对方自然会大受感动，从而以同样的爱心予以回报。反之，如果不能宽容，内心常有不平，甚至是愤怒、埋怨，彼此间就会产生敌对或者冲突，这样不仅会给内心增添无尽的烦恼，人生也会多出许多障碍来。所以，在与人相处时，一定要学会宽容待人，这样可以避免吵闹、争斗之苦，宽阔的胸怀也会让自己积下更多的善缘，化解灾难，使自己生活得更为愉快，心情也更为舒畅。

1. 一夜改变人生

这是一个发生在美国的真实故事。在一个风雨交加的夜晚，一间不算豪华的乡村旅馆，来了一对衣着朴素的老年夫妇。他们来到大厅，表示想要住宿一晚。

旅馆的夜班服务生是个和气的年轻人，他对这对老年夫妇说："十分抱歉，由于有一家公司要来这里开会，所以今天的房间已经被订满了。按照常理，我应该送二位去其他的旅馆，解决你们的住宿问题。但是，我实在不想看见你们再一次置身于风雨中，所以，如果你们不介意的话，可以在我的房间暂住一宿。它虽然不是豪华的套房，但还算干净整洁。而我因为需要值夜班，所以可以待在办公室休息。"

这位年轻人在提出这个建议时，脸上表现出十分诚恳的表情。于是，老夫妇也就接受了他的建议，并且对服务生的好意表示感谢。

第二天，雨过天晴之后，老先生到前台去结账，结果发现前台服务的仍然是昨晚的那位服务生。当老先生问他房费是多少钱时，这位服务生则亲切地说："先生，您昨天所住的房间并不是饭店的客房，所以我们不能收您的钱。让您委屈的一晚实在是不好意思，希望您与夫人睡得安稳。"

听了服务生的话，老先生点头称赞说："你是我见过的最贴心的人，是每个旅馆老板都梦寐以求的员工。如果你愿意的话，或许改天我可以盖一栋旅馆，然后请你来经营。"

服务生当然没有把老先生的话完全当真，但是还是感谢了老先生的好意。让他没有想到的是，几年之后，他收到一封改变他一生的挂号信，信中提到了那个风雨交加的夜晚，以及在小旅馆里所发生的事。另外，信里还附有一张邀请函和往返纽约的机票，并热情地邀请他到纽约一游。

这位服务生的心中已经猜到八九分，但是又不敢肯定。在抵达曼哈顿之后，服务生在第五街和第三十四街的交叉路口，遇到了当年那位来酒店投宿的老先生，而在老先生的身后，正矗立着一栋华丽的大楼。老先生对他说："记得我当年所说的话吗？这是我新盖的一家旅馆，希望你来为我经营。"

这时，服务生已经被自己眼前的豪华酒店惊呆了，结结巴巴地问道："可是，您为什么选择我呢？您到底是谁？"

老先生微笑着说："我叫做威廉·阿斯特，我请你来经营这家酒店没有任何的附加条件，只因为你若干年前的善良感动了我，我觉得你正是我梦寐以求的员工。"

后来，这家旅馆在服务生的经营下成了纽约最知名的华尔道夫饭店，它在 1931 年正式启用，很快就成了纽约极致尊荣的地位象征，各国高层政要造访纽约时下榻的首选。而当年的服务生叫做乔治·波特，他正是希尔顿饭店的首任总经理。

▶【人生感悟】

在与人交往中，撒播善良是一种稳赚不赔的"投资"，当你向他人伸出友善之手后，终会获得超乎你想象的丰厚回报。正如卡耐基所说，在与别人相处的过程中，你要做到与人为善，乐善好施。这样你就会时时得到别人的相助，你就会在人际关系中如鱼得水。很多世界级的成功大师们都向人分享过这样的道理：乐观、爱心和感恩，构成了一个人最好的心态，也必定为人带来良好的人际关系和事业上的成功。在与人相处过程中，他们总能真诚地去关爱别人，于是赢得了人心。中国古人说得好："得人心者得天下。"而在这里，却可以把这句话改成"得人心者得人助"。只有将心换心，你的人生才会处处充满机遇，就像故事中的乔治·波特一样。所以，如果你想使自己人生充满"奇迹"，那就先从善待他人开始做起吧！

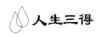

2. 把"对手"变成"助手"

春秋时期，政治家管仲和他的好朋友鲍叔牙一起来到齐国谋求政治前途。鲍叔牙投靠了当时齐国国君齐襄公的弟弟公子小白，而管仲投靠了齐襄公的另一位弟弟公子纠。当时的齐襄公为君荒淫无道，公子小白和公子纠都怕受牵累，于是小白便由鲍叔牙侍奉逃往莒国，公子纠则由管仲和召忽侍奉逃往鲁国。

不久，齐国发生内乱，齐襄公被杀后，公子小白和公子纠为了争夺王位展开了激烈的战争。鲍叔牙当了公子小白的助手，管仲当了公子纠的助手。在双方交战的过程中，公子小白曾经被管仲伏击，还好只是射中他了衣袋上的钩子，而小白则假装被射死，最终抢先回到了齐国。后来，公子小白成为了齐国的国君，也就是历史上的齐桓公。

公子小白执政后，当年的得力助手鲍叔牙被任命为相国。鲍叔牙这个人不仅机智过人、心胸宽广，而且还很有自知之明，所以他没有马上接受齐桓公的任命，而是在齐桓公面前推荐了自己昔日的好友管仲。他对齐桓公说："管仲比我更适合担任相国一职，我在五个方面都不如管仲：治理国家，保证国家的根本利益，我比不上管仲；指挥作战，提高百姓的胆识，我比不上管仲；忠义诚信，团结民心，我比不上管仲；讲究礼仪，使四方都纷纷效仿，我比不上管仲；宽惠安民，使百姓忠于君主，我更加比不上管仲。齐国要想国富兵强，弃管仲而不用肯定是不行的。"但是齐桓公觉得管仲是自己的仇人，他不但曾经帮助自己的哥哥与自己争夺王位，而且还用箭射过自己。要不是衣带上的钩子救了自己一命，那么恐怕自己现在早就死掉了。所以齐桓公不愿意任用自己的敌人管仲。于是鲍叔牙又对齐桓公说："他之所以要杀你，只是忠心于自己的上司罢了。他能够忠心于自己的上司，一定可以再忠心于你。如果你能够重用管仲的话，国家一定会富强起来，望你不要因为自己的个人恩怨而错失了这个治理国家的奇才呀!"

齐桓公也是个心胸比较开阔的人，为了称霸诸侯，他决定不再计较之前管仲对自己射箭的事情，还采纳了鲍叔牙的意见，任命管仲为齐国的相国。管仲做了齐国的相国之后，充分发挥出了自己的能力，协助齐桓公对内政、经济、军事等方面进行了一系列改革。由于管仲治国有方，再加上齐桓公对他十分信任，所以经过几年的努力，就使得本来实力较弱的齐国强大起来，齐桓公也成为了历史上著名的春秋五霸中的第一位诸侯霸主。

▶▶【人生感悟】

人生在世，时时离不开的就是包容和忍让。有些人总是会被一些零零碎碎的鸡毛蒜皮拖入交际的泥潭；而能够包容他人的人，总是能够用自己内心的豁达来化解交际中遇到的种种烦恼，因为他们知道，在处世中人与人的磕磕碰碰在所难免，只有学会凡事留一步给他人，才能把"对手"变成"助手"，让自己获得更广阔的天地。

所以，人们在处世中对于他人的态度，也就是这个世界对于他的态度。懂得包容他人的人，这世界就会对他展示出自己的善意和美好；而容不得他人的人，处世中便难免遇到来自对方的刁难和敌意。我们与其记恨身边的人、抱怨这个世界，不如好好地审视一下自己。当一个人能够擦亮自己的内心时，就能够看清楚自己与世界的关系，在包容别人的同时，也能为自己建造一个立身之地。

3. 会"糊涂"才是真"精明"

从前，有师徒二人决定出一趟山，因路途遥远，师父一大清早就带着徒弟出门了。由于走得匆忙，师徒二人忘记带路上的干粮了，他们强忍着饥饿继续行走了一段路。这时候，师父觉得有点饥饿难忍了，徒弟也说自己没有气力再走下去了。于是师父就告诉徒弟说："前面不远处有一家饭馆，你去讨点饭回来吧。"徒弟领命来到了这家饭馆，并说明了来意。

饭馆的主人看他疲乏无力的样子，故意放高音调说："你想要饭吃，这当然没问题，但是我有一个小小的要求，不知道你能不能做到呢？"徒弟急忙问道："到底是什么样的要求呢？说来听听。"主人说："现在，我写一个字给你看，你要是能把他读出来，我就请你们师徒二人吃饭。如果你读不出来，我就会命人将你乱棍打出去。"徒弟听了，微微一笑，说："主人家，我跟我师父这么多年了，别说一个字，就是一篇文章对我来说又有什么难的呢？"主人听了，继续说道："你也别得意，等我写完再说。"说着，就拿出一张白纸，在上面写了一个"真"字。徒弟看后，哈哈大笑起来："主人家，你也太低估我了吧，这么简单的字，你还要考我，此字我五岁的时候就已经认识了。"主人微笑着问："那你说说这是何字？"徒弟得意地说："不就是真实的'真'字吗？"主人冷笑道："你个无知之徒，竟然敢冒充大师门生。"说完，就命人将他乱棍打出去。

店主的这一举动让徒弟觉得又委屈，又无奈，只好空着手回来见师父，并跟师父说出了事情的前因后果。大师听后，笑着说："看来他是非要我前去不可啊。"说完，就带着徒弟再次来到店前，同样也说明了来意。那个店主照样写下"真"字，要大师辨认是什么字。大师说："此字念'直八'"。那个店主大笑道："果真是大师来到，请快快入座。"

就这样，师徒二人不出一分钱，在这家饭馆美美地吃喝了一顿就告辞了。一路上，徒弟都在想刚才的事情，越想越疑惑，于是忍不住问师父："师父，你不是一直教我们那字念'真'吗？什么时候变'直八'了？"师父抚摸着徒弟的头说："有时候事是认不得'真'啊。糊涂也不是真糊涂，而是要学会理智处事，在自己沉不住气的时候，反复地提醒自己，要以理智的心态来控制自己的感情。"

【人生感悟】

千百年来，人们一直对于何种人最聪明争论不休。有的人说，凡事能够精明算计者，乃为聪明；也有的人说，懂得见风使舵者，也不失为是一种聪明。殊不知，只有懂得糊涂的人才是真正的聪明人。清朝书画大师郑板桥曾把"难得糊涂"作为自己的座右铭。意思是说，我们在做人或做事的时候，要多糊涂一些。这句话不仅对年轻人大有裨益，对于老年人而言，也是非常有益的。当然，这种糊涂不是不聪明，也不是不智慧，而是一种大智慧，一种超越智慧的大境界。古人说："水至清则无鱼。"这世间的有些事情必须是非确凿、泾渭分明，而有些事情却不必过分顶真，甚至还需装点糊涂。所以，在不违背原则的情况下，适当的糊涂也是一种大智慧。

4."忍"字刀下有颗心

明朝时期，苏州城里有一位姓尤的老人，开了一家典当铺，人们都称呼他为尤翁。一年年关前夕，尤翁正在当铺的里间盘账，忽然听见外面柜台处有一片喧闹声，便穿好衣服到外面去看看究竟发生了什么事。挨了骂的伙计愤愤不平地对尤翁诉苦："老爷，这个人蛮不讲理，他前几天当了衣服，今天却又空手来取，不给他，他就破口大骂，哪有这样不讲理的人？"

尤翁听完伙计的解释，点了点头，于是打发这个伙计去照料别的生意，自己请那位邻居到桌边坐下，然后语气恳切地说："老人家，我知道你的来意，你不过是为了度年关。就因为这点小事，何必与伙计一般见识呢？你老就消消气吧。"

门外那个穷邻居听完尤翁的话，仍然是气势汹汹，不仅不肯离开，反而坐在当铺门口。尤翁见此情景，于是命令店员找出那位邻居的典当物，共有衣服蚊帐四五件。然后，尤翁指着棉袄说："这件衣服用来御寒，你可以拿走。"又指着外袍说："这件给你拜年用，其余的衣服不是急用的，还是先留在这里，等你有钱了再来取。"那位穷邻居拿到两件衣服，不好意思再闹下去，只好离开了。谁知就在当天夜里，这个穷邻居就死在了别人家里。

原来，穷邻居和别人打了一年多的官司，因为负债累累，家产典当一空后走投无路，就预先服了毒，然后故意寻衅闹事。他知道尤翁家富有，便想敲诈一笔安家费，没想到尤老翁一忍再忍，明显吃亏也不与他计较，没能成为他的敲诈对象。于是，他又转移到了另外一户人家里，就是和他打官司的那家。

最后，这户人家只好自认倒霉，出面为他发落丧葬事宜，并赔了一笔"道义赔偿金。"事后，有人问尤翁："难道你是事先知情才这么容忍他的？"尤翁回答说："我并没有想到他会走到这条绝路上去。我只是根据常理推测，但凡无理挑衅的人，一定是有所依仗。在我当伙计的时候，我父亲就经常对我说：'天大的事，只要忍一忍，很快就会过去的。'如果我们不能在小事情上忍让，那么很可能就会迎来大灾祸。"

人们听了这话，觉得尤翁以少见的忍耐力避开了大的灾祸，这可谓是能屈能伸的至高境界了，都打心底里佩服尤翁的见识。

【人生感悟】

"忍一时之辱，得一世之安"，这句贤文是说，如果能够忍受一时的屈辱，就可以得到一世的安宁。这也旨在教人要懂得忍让，在遇到事情时不要鲁莽行事。可是"忍"字并不只是简单的心头一把刀，而是刀下有颗心。对一般人来讲，忍寒忍热比较容易，忍饥忍渴也并不难，可是忍一口气，那就很难做到了。

吴三桂忍不下妻妾被掳，冲冠一怒为红颜；周公瑾禁不起三气，因而短命身亡。反之，韩信能受胯下之辱，励志奋发，终能拜相称王；苏秦不齿于父母兄嫂不以其为子为叔，悬梁刺股，终能为六国相印。

由此看来，那些忍得住一时之辱的人，在经历一番风霜雪雨后，终能拨云见日，赢得巨大的成功。可见，忍与不忍，其关系成败大矣！

5.　两个朋友的遭遇

明太祖朱元璋出身贫寒，曾经做过牧童、乞丐、和尚等不体面的工作。后来，他打败了元朝和其他的起义武装，在南京做了皇帝，消息马上轰动了他的家乡，安徽凤阳。朱元璋在贫贱时有过交情的伙伴也都异常兴奋，想要从皇帝那里得点好处。

曾经跟朱元璋一起放过牛的一个伙伴来到南京，要求觐见朱元璋。朱元璋总算不忘旧情，在皇宫里设宴款待了他。席间，朱元璋难免回忆自己贫苦时的往事，来人就对朱元璋说："万岁，不知您可否记得，当年微臣随驾扫荡芦洲府，打破罐州城，汤元帅在逃，拿住豆将军，红孩儿当关，多亏菜将军。"朱元璋听罢，不禁回忆起自己当年的一件往事，历历在目。又看看自己如今的荣华，不禁感慨一番，顺便提拔了眼前的这位故人。

这件事情很快传到当年的其他伙伴耳朵里，其中一个人听了十分不平，心想：他说的不就是小时候一起偷豆子吃的事情吗，当年自己也在场，还救过朱元璋的命呢。于是也连忙上京，到处找门路要见朱元璋。朱元璋知道了老朋友前来，照样设宴款待。酒过半酣，这位朋友不免有些飘飘然起来，当着许多大臣的面说："万岁，如今您富贵了，可是，您还记得从前吗？那时我们替地主家放牛，整天挨饿。有一次，我们在芦花荡里偷了一把豆子，然后放在瓦罐里煮。还没等煮熟，大家忍不住争抢，最后把罐子都打破了，撒下一地的豆子，汤也泼在泥地里。你当时饿极了，抓起一把地上的豆子就往嘴里送，结果连红草叶子也吃进去了。

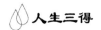

红草叶子哽在你喉咙里，差点要了你的命。后来，还是我抓了把青菜叶子给你吞下去，才救了你的命。"

皇帝听着，脸上一会儿发青，一会儿发紫，最后宴会只好不欢而散。那位当年救过皇帝一命的朋友不但没能得到封赏，反而被赶回了老家。

故事中一前一后的两位朋友，都是朱元璋的故交，说的是一样的往事，叙的是一样的旧情，得到的却是不一样的下场。这完全是因为对听话者的身份认识有别，对说话分寸的把握不同。

【人生感悟】

中国人在交际中一向不喜说话没有分寸的人，所以我们有"话多不如话少，话少不如话好"的俗语。而少说话并不代表不说话，而是要用精炼的语句充分表达自己的想法。当然，多交流也不是说闲话，而是懂得言多必失的道理，让自己把话说得恰到好处。

其实，每个人都有各自不同的成长经历，都有自己的缺陷、弱点，有些也许是生理上的，有些也许是隐藏在内心深处不堪回首的经历。这一切都是他们不愿提及的"疮疤"。我们之所以要把握说话的分寸，就是因为被击中痛处对任何人来说都不是一件令人愉快的事，尤其是他人身上的缺陷。同样的话一定要换一种不同的说法，这样对方就明确了你要表达的意思，同时也知道你在照顾他的面子，不但能够让我们的意思表达完整，更会让对方心存感激，为我们今后的发展提供意想不到的帮助。

6. 世界因何而悲惨

雨果的名著《悲惨世界》里的一个男主角叫做冉·阿让，他本是一个勤劳、正直、善良的人，但因穷困潦倒，度日艰难。为了不让自己的家人挨饿，迫于无奈，他偷了一块面包，被判了 5 年苦役。后因不堪忍受非人的监狱生活，屡次逃跑却没能成功，又加重刑罚，被判苦役

19年。

出狱后，他还是处处受警察的追逐，遭到社会的冷遇，他找不到工作，也没有饭吃。如此残酷的现实，使他产生了对人、对社会的强烈憎恨。从此，他真的成了一个贼，开始干一些顺手牵羊、偷鸡摸狗的事。警察也一直都在追踪他，想方设法搜寻他犯罪的证据，想把他再次送进监狱。但是幸运的他，一次又一次地逃脱了。

在一个风雪交加的夜晚，冉·阿让因为忍受不了饥寒交迫，昏倒在了路上。这时候，幸好有一个好心的老人路过把他救走了。这位好心人还把他带回了自己的家，但是，他却在好心人熟睡后，偷走了他房间里所有的银器。因为在他心中，他早已经认定自己就是一个坏人，坏人就应该干坏事。可是这一次他没有那么幸运了，他在逃跑的途中被警察逮了个正着，这次可谓是人赃俱获了。

于是，警察押着冉·阿让再次返回到那位好心人家，要让好心的老人辨认他失窃的物品。这下，冉·阿让真的绝望了，心想："这次是真的完了，这一辈子都只能在监狱里度过了！"可没想到的是，当警察询问好心人时，好心人却温和地对警察说："这些银器都是我送给他的，因为他走得太急，还有一件更名贵的银烛台忘了拿走，我现在就去取来！"

冉·阿让听了好心人的这一番话，他的心灵受到了巨大的震撼。警察面对好心人的回答，只好无奈地离开了。等到警察走后，好心人又对冉·阿让说："过去的就让它过去，重新开始吧！"

从此，冉·阿让洗心革面，重新做人。他搬到了一个新的地方，在那里，他每天都在很努力地工作，积极上进。功夫不负有心人，后来他真的成功了。而他的这一生，都是在救济一些穷人，甚至还做了许多对社会有益的事情。

故事中的冉·阿让，经历了不少事情，但他最终还是忘记了过去的束缚，重新开始生活、重新做回自我。人们常说："好汉不提当年勇。"

同样地，当年的辉煌只能代表我们的过去，而并不代表现在。面对过去的辉煌也好，失意也罢，如果太放在心上，就会在无形之中成为一种心理负担。可见，不懂忘记，才是世界悲惨的根源所在；学会忘记，才能够重新开始自己的人生。

【人生感悟】

古人说："改过必生智慧，护短心内非贤。"这句话有两层含义，一个是说知错能改善莫大焉，另一个就是让人们不要总停留在过去，过去的成功也好失败也罢，都不能代表现在和未来。可见，对于人们过去的错误，我们不应该耿耿于怀。因为只有把自己"茶杯中的水"倒掉，才能让人生融入新的"茶水"。这也好比是一台电脑，如果我们不事先删除一些旧的程序和文件，又如何能够装得下新的程序和文件呢？

不管曾经怎么样，过去的都已经成为过去，珍惜现在才是最重要的；不管曾经是多么让你刻骨铭心，你都需要学会忘记。给自己的人生重新洗牌，等于是给自己选择一个更加理想的人生，这才是现在最最重要的事情。

7. 学会用"软钉子"

几十年以前，有一位年轻的男子，为了实现自己多年以来的梦想，只身一人来到法国，他要报考的是著名的巴黎音乐学院。经过很长一段时间的准备，他满怀信心地走进考场。但是，尽管他已经将自己的水平发挥到最佳状态，可是主考官依然告诉他说："对不起，你离我们的招生条件还很远，所以我们不能够录取你，等下次有机会你再考一次吧。"

当时的他，已经是身无分文，为了参加这次考试，他花了不少心思，已经将身上所有的钱都花光了。当年轻男子听到这个对他来说非常不幸的消息时，他没有辩解什么，只是默默地走开了。他忍着饥饿，失落地漫步在大街上，此时他什么也不想干，只想找一个可以歇脚的地方。突然，他看见不远处有一条繁华的街道，街上人来人往。而在街的另一头还有一棵大榕树，于是他拖着疲惫的步子走到这棵树下，然后卸下背上的小提琴，开始拉琴。他好像已经忘记了饥饿、疲惫和失落。他拉了一曲又一曲，悠扬的音乐声很快引来很多人，人们都开始驻足聆听。

又过了很久，年轻男子拉琴拉累了，再加上无法忍受饥饿。终于，年轻男子捧起旁边的琴盒，围观的人们也很配合他，纷纷把手伸进口袋里，掏出钱后放入琴盒。没过一会儿，琴盒里就有好多钱了。年轻男子也更加用心地为人们拉琴，人们都沉浸在热闹的气氛之中。就在这时候，人群中突然出现一个人，这个人先是掏出一张大钞在人们面前晃了一下，然后故意将钱扔在年轻男子的脚下。那年轻男子抬头看了这个人一眼，发现这个人穿着怪异，嘴里还叼着雪茄，头上的帽子也歪斜着，一看就知道是个无赖。年轻男子想了一会儿，然后弯下腰拾起了地上的钱，用平和的口气说："这位先生，你的钱掉在地上了。"无赖斜着眼接过钱，又把它重新扔在地上，接着又用傲慢无礼的口气说："既然我已经把钱给你了，就说明这已经是你的钱了，所以你必须收下。"年轻男子听完，再次抬头看了看无赖，然后深深地对他鞠了一躬说："先生，非常感谢你的资助，不知道你记不记得，刚才你的钱掉在地上，是我帮你捡起来的。现在，我的钱掉在地上，也要麻烦你帮我捡起来。"

无赖听完年轻男子的话，顿时愣住了，因为这完全出乎他的意料，四周围观的人们也开始纷纷鼓掌。最后，无赖非常不情愿地捡起地上的钱放入琴盒，然后灰溜溜地走开了。

这时候，年轻男子突然感觉围观者中有一双眼睛在盯着他，关注着他的一举一动。透过人群，年轻男子发现他是刚才的那位主考官。这位主考官走到年轻男子跟前说："恭喜你，你已经被我们学院录取了，你现在可以跟我一起回学校了。"这位年轻男子名叫比尔·撒丁，后来，他还成为了挪威非常著名的音乐家，受到很多人的敬仰。

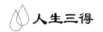
　　人生在世有时候难免会遇到一些麻烦和心怀不轨的人。如果与这些人硬碰硬的话难免会玉石俱焚，但是一味软弱又会成为任人宰割的软柿子。倒不如学会用一用柔中带刚的软钉子：在谦和的态度中表露出自己的气节与傲骨。如此，那些想要寻衅滋事的人才会知难而退，对我们避而远之。

　　在处世中，使用软钉子要学会拿捏对方的心态和自己的态度。态度过硬会造成对立的局面，最终争执起来只会两败俱伤；态度过软又达不到刺痛对方的作用，结果成了有等于无。所以，软钉子这种处世智慧说起来简单，但是用起来却真是变化莫测，在乎一心了。

8. 梦想不怕低起点

　　一个毕业于哈佛大学的年轻人，刚走向社会时，因为自己的眼光过高，所以四处碰壁。后来，他经过深入思考，做出了一个意外的选择：这个学物流管理的年轻人，居然选了一个待遇很低的速录工作。家人和朋友都不同意他的决定，认为他是被就业的压力搞出来心理疾病，纷纷来劝导和安慰他。

　　这个年轻人却笑着告诉自己的亲友，自己并没有自暴自弃，而是在经验中学会了正确地选择。在挑选了很多家公司之后，他十分看中这家大型食品公司。但是，这家公司的职位竞争也是最激烈的。其他的岗位虽然起点和工资都很诱人，但是报名的人也很多，高手如云，而且还要试用一年，随时淘汰；只有自己选择的速录工作，因为报酬差些，所以无人问津。凭借自己上网聊天练出来的打字速度，完全可以在这家公司站稳脚跟。

　　家人和朋友们虽然觉得他说的有道理，但还是觉得这个工作过于屈才，都劝他再找找别的机会。他却说："起点低不代表成就低，是人才在哪开始都可以有一番作为的。"大家见他如此倔强，也就不再阻拦。

年轻人进入了那家大型食品公司，很快就适应了自己的工作。很多还在找工作的同学，听说了他竟然去做了速录，有的摇头叹息，有的背后嘲笑。但是，年轻人没有理会别人的看法，而是在这家食品公司里踏踏实实地做着自己的工作。

随着时间的推移，年轻人渐渐融入了同事们的圈子之中。随着公司业务发展越来越快，向各个客户的配送产品的工作大量缺人。于是，年轻人主动向上司提出，自己愿意跟车配送。配送的工作赚的并不比速录的待遇高，而且每天要跑很多地方，十分辛苦。上司看了看主动请缨的年轻人，微笑着点了点头。

于是，年轻人又开始了自己配货员的工作生涯。他每天跟着配货的同事们开车把货物送到各个商店、超市，有时甚至没时间吃午饭。一个月下来，虽然双脚磨出了水泡，年轻人却依然乐此不疲，因为他和客户们建立了深厚的感情，同事们也都特别喜欢这个为人和气又勤快的年轻人。由他负责配货的商家，从没向公司投诉过，公司上下对这个年轻人都刮目相看起来。

秋去冬来，转眼到了春节前夕。当上司在给各个部门拜年的时候，忽然发现一张桌子上堆满了贺卡，数量比自己收到的还多。上司好奇地问身边的人，这是谁的办公桌。别人告诉他，这个桌子是那个新来的年轻人的，贺卡都是他的客户送的。领导很快想起了这个主动要求做配货员的年轻人，几天之后，领导找来了年轻人，告诉他公司决定提拔他做销售部的主管。

年轻人沉默了一会儿，竟然拒绝了领导的提议，并希望能把自己调到仓储运输部。领导大惑不解，年轻人只好实话实说，自己原来是学物流管理出身，因为竞争激烈，所以做了速录员的工作。同时告诉领导自己并不擅长销售的工作，倒不如帮助公司管理一下仓库，反而能够发挥自己的专业优势。这样，无论是对公司还是对他自己，都是风险最低的选择。

领导再次对这个年轻人刮目相看，直接让他做了仓储运输部门的负责人。年轻人做出了全新、完善的供货计划。不但为每个商家都制订了一个合理的供货方案，而且也大大提高了公司的效率，节约了配送的成本。

又过了半年，这位年轻人因为对公司的贡献杰出，被领导直接提拔成了副总。此时，当年一起毕业的很多同学，还在四处奔波地找工作，但是再也没有人笑话这个当年的速录员了。

【人生感悟】

故事中的年轻人，因为选择了从小处着手，最终才落脚在了高处。所以在生活中，我们不妨去选择最基础的工作，从最小的地方去感动别人。这样不仅能够为自己的人生打下坚实的基础，更是让自己的梦想飞上天空的最好方法。

王国维曾经说人生的三个阶段好比写词的三种境界：第一种境界是在迷茫中明确自己的目标，好比"昨夜西风凋碧树，独上高楼，望尽天涯路"；而第二种境界是在孤独中执着地等待，所谓"衣带渐宽终不悔，为伊消得人憔悴"；到了第三种境界才是人生的豁然开朗，正是"众里寻她千百度，蓦然回首，那人却在灯火阑珊处"。懂得人生的人也就同样懂得了处世的道理。在生活中，能够获得成功的人，在达到豁然开朗的境界之前一定是一个耐得住寂寞的独行者。

9. 被训斥的洛克菲勒

洛克菲勒是美国一位慈善家，也曾是人类近代史上的首富。年轻时候的他，总是忙忙碌碌，几乎很少有空闲的时间，所以他总是将一个可以收缩的运动器，也就是一种手拉的弹簧带在身上。每当他空闲的时候，他就用手去拉扯，活动一下自己的筋骨。忙碌的时候，便把它放在随身的口袋里。

有一天，洛克菲勒去自己的一个分行做一些筹备工作。当他走进去的时候，因为他平时外出的机会少，那里的人都不认识他。行里的职员都在忙着自己手中的活儿，没有人理会他。这时候，一个神色傲慢的职员注意到了他，见他衣着随便，就随口问了句："你是什么人？来这儿有什么事吗？"洛克菲勒说："我有事要见你们经理。"这个职员冷笑了一下后，回答道："我们经理很忙，没有时间见你。"洛克菲勒便说："没关系的，我可以坐在这儿等他闲下来。"于是，洛克菲勒便坐在客厅里等候，无意之中，他看见墙上有一个钩子，洛克菲勒便把口袋里的运动器拿了出来，很起劲地拉着。不料，弹簧的声音再次引来了那个职员，那个职员走过来，恶狠狠地瞪着他，然后冲着洛克菲勒大声吼道："喂，你在干什么呀？你以为这里是什么地方啊？这里不是健身房，你赶快把东西收起来，否则就滚出去，听懂了吗？"

"哦，好的，我现在就收起来。"洛克菲勒和颜悦色地回答着，然后急忙把他的东西收了起来。过了一会儿，经理从办公室走了出来，一眼便看到了洛克菲勒，还很客气地请他进去坐。那个职员看经理对洛克菲勒毕恭毕敬，猜想肯定是个大人物。那个职员可是有点坐立不安了，心想：我在这里肯定是待不下去了，刚才我那样对待经理的朋友，如果他向经理告我的状，我肯定会被开除的。

可没想到的事，当洛克菲勒离开的时候，还客气地冲那位职员点了点头，而那位职员则是一副不知所措的样子。因为公司每周六都要召开会议，然后就要针对公司职员的工作状况进行裁员，他觉得自己肯定是被裁的对象。于是他怀着不安的心等待周末，但到了周末什么也没有发生。又过了一星期，再过一星期，也还是没有事发生。过了两个月之后，

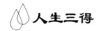

他忐忑不安的心才慢慢平静下来。

【人生感悟】

　　且不看洛克菲勒是否真的没有把这件事放在心上，至少他的行为可以说明，他对这个小职员的冒犯没有采取报复行动，而是采取了宽容的态度。在交际中，我们也不免会遭遇到别人各种各样的伤害和冒犯，我们与其选择"以牙还牙"，而两败俱伤，倒不如原谅那些冒犯过自己的人。这既是对别人的一种容忍，也是对自己的一种尊重。

　　如果一味地得理不饶人，把对方逼到死角，那么在宣泄了自己的愤怒之后，等待我们的将是对方的以死相拼。当时候再想以和为贵恐怕就来不及了。

10. 慈父不败儿

　　巴西足球运动员贝利被人们称为"黑珍珠"，是公认的世界球王。和其他的巴西少年一样，贝利从小酷爱足球运动，并在很小的时候就显示出超人的足球天赋。

　　有一次，刚刚参加完足球赛小贝利身心俱疲，累得喘不过气来。休息时，小伙伴们掏出了香烟，享受着赛后的轻松。小贝利也接过了伙伴递过来的一支烟，得意地吸起来，他嘴里吐出一缕缕烟雾，似乎疲劳也随着烟雾一起烟消云散了。

　　在一旁给儿子加油的父亲看到了这一切，但是他并没有当时就给贝利难堪。而是等到晚上，把贝利叫到自己的书房，问道："贝利，你今天在球场上抽烟了？"

　　小贝利想起了白天的事情，意识到了自己的错误，红着脸说道："是的，我抽烟了。"

　　父亲看着准备接受训斥的儿子，并没有发火，而是平静地说："孩子，你现在踢球很有天赋，我相信你将来一定会有出息的。但是，抽烟会损坏你的身体，使你在比赛时发挥不出应有的水平，最终你也就失去自己的天赋了。"

听了父亲的话，小贝利深深低着自己的头，不敢跟父亲有目光的接触。只听见父亲更加语重心长地说："作为父亲，我有责任教育你向好的方面努力，也有责任制止你的不良行为。但是，我也要尊重你的选择。是向好的方向努力，还是向坏的方向滑去，完全由你自己来决定吧。"

小贝利的眼圈已经红了，嗓子哽咽着，说不出话来。这时，父亲接着说道："孩子，你已经懂事了。你觉得抽烟对你来说重要呢，还是做个有出息的运动员对你来说更重要呢？这一切都让你自己来选择吧！"

说着，父亲递给贝利一叠钞票，并告诉他，如果他想要抽烟的话，可以用这些钱去买烟抽。之后，父亲便离开了书房。

小贝利望着父亲远去的背影，泪水夺眶而出。最后，他拿起桌上的钞票还给了父亲，并坚决地说："爸爸，我再也不抽烟了，我一定要当个有出息的运动员。"

从此以后，贝利一心要做一名有出息的运动员，把全部精力都用在足球上，技术飞速提高。15 岁时，他参加桑托斯职业足球队；16 岁时，他进入巴西国家队，并成为世界足球史上的一个神话。在贝利的一生中，虽然收获了足够的名誉与财富，但他再也没有抽过一根烟，因为他牢牢记住了父亲的教诲。

▶【人生感悟】

在生活中，人们总觉得父亲的形象就应该是严厉的，同时，人们人希望自己的父亲是慈祥的。所以，一个合格的父亲应该有两张面孔：处理原则性问题时就应该金刚怒目，但是在态度和方法上却应该菩萨低眉。当然，我们可以赋予父亲这一角色很多内涵，比如领导、老师、长辈等等。当我们处于一个比较权威的位置时，对待下面的人，不论他们是我们的敌人还是朋友，我们都不应该存在打击对方的想法，而应该用简单的道德来约束自己内心复

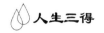

杂的冲动和欲望。如此才能把敌人变成朋友，让事情向着更好的方向发展。

11. 口要对准心

在《战国策》上，记载了一个《触龙说赵太后》的故事。事情大约发生在赵孝成王元年也就是公元前 265 年左右。当时的孝成王年纪尚幼，所以由太后执政，也就是历史上赫赫有名的赵威太后。此时的赵国正处于新旧交替之际，国内动荡不安，势力大不如前。于是，秦国趁机挥兵东下，攻占了赵国的三座城池。赵国只好向当时的另一个强国齐国求援。齐国虽答应出兵，但提出了一个条件：要求赵太后把她的幼子长安君送到齐国做人质。

赵太后因为心疼自己的孩子，所以拒绝了齐国的要求。大臣们纷纷劝谏，也被赵太后挡回，并明白地告诉身边的人说："如果再有人来劝说我把长安君送到齐国去做人质，就别怪我不客气了。"原话是："有复言令长安君为质者，老妇必唾其面。"

这下可急坏了赵国的群臣，只好请当时的左师公触龙先生出马。为了挽回亡国的局面，触龙老先生只好重出江湖，亲自求见太后。太后知道触龙是替大臣们来做说客，于是就气势汹汹地等着见他。

谁知触龙老先生半天才来到太后面前，并道歉说："我现在老了，腿脚也不利索了，所以有日子没来看望您了。但是又担心太后的贵体有什么不舒服，所以特意来看看您。"

太后看看老态龙钟的触龙，觉得大家都一把年纪了，就说："我腿脚也不方便了，平时全靠坐车走动。"

触龙老先生就接着问："您现在的饮食怎么样啊?"

太后回答说："每天吃点稀粥罢了。"

于是，触龙就对太后说："到了我们这个年纪，难免没有胃口。我每天都要坚持锻炼，快步走上三四里，慢慢地也还能吃下些东西。"

太后感慨说："这个办法虽然好，可是我却做不到啊。"说罢，脸上也就没有了刚才的严肃神情，像是两个拉家常的老人一样神情放松了。

这时，左师触龙突然说道："我其实有一件心事想求您帮帮忙。我现在老了，唯一放心不下的就是我的小儿子舒祺；他不成才，我希望在您这走个后门，把他安排在保卫皇宫的卫兵里头吧，我也就了了一桩心愿。"

赵太后听他这么说，便答应了，又问道："男子汉大丈夫也会偏心疼爱自己的小儿子吗？"

触龙说道："您不知道啊，男人疼起小儿子来，比妇女还厉害呢。"

太后听了笑着说："怎么可能，妇女才更厉害呢。"

触龙故意做出一脸惊讶的样子说："是这样吗？我怎么觉得您疼爱您的女儿燕后远远胜于疼爱您的儿子长安君呢？"

太后说："那你可是看错了。我疼所有的孩子都不像疼爱长安君那样厉害。"

触龙还故意装傻，问道："父母越心痛自己的儿女，就应该越为他们做长远的打算。当年您送自己的女儿出嫁到燕国的时候，拉着她的脚后跟为她哭泣。可是，等她出嫁以后，您虽然十分想念她，但还是经常祷告说：千万不要让她回来啊。您这样做，难道不是希望她生育的子孙，代代相传地做燕国的国君吗？"

古代女子出嫁，除非被休，不然是不能回娘家的。所以赵太后祈祷女儿不要回国，是希望她永远留在燕国做皇后。于是太后承认说："是这样啊。"

触龙见时机差不多了，就进一步问道："从这一辈往上数，三代以前赵国国君那些被封侯的王孙公子们，他们的子孙还有能继承爵位的吗？"

赵太后回答说："没有了。"

触龙有问:"那么,除了赵国以外,其他诸侯国被封侯的王孙公子还有人能够继承祖上的爵位吗?"

赵太后想了想,说:"我不太清楚,但是没听说还有能够继承的。"

这时,左师公触龙才说:"这些国君的子孙就一定不好吗?为什么他们一个个不是被杀就是失掉了爵位呢?其实都是因为他们地位尊贵却没有功勋,俸禄丰厚却没有功劳造成的啊!您现在疼爱自己的小儿子,把长安君的地位提得很高,又封给他肥沃的土地,给他很多珍宝,可是一旦您有个三长两短,难道他将来就能够不走别人的老路吗?现在有机会让长安君为国立功,您却阻止,将来的长安君又凭什么在赵国站住脚呢?依我看来,您不为长安君做长远打算,所以我觉得您疼爱他远远不如疼爱燕后呢。"

赵太后听了触龙的话,恍然大悟,马上说:"您说的有道理啊,我就把长安君交给您了,你任意派遣他吧。"

于是,赵国就答应了齐国的要求,把长安君送去做人质。齐国马上派出了救兵,解决了赵国的燃眉之急。

【人生感悟】

在如此强硬的赵太后面前,触龙能够说服她把自己最疼爱的儿子送去做人质,绝不是出于侥幸,而是充分把握了对方的心理和说话的时机,步步为营,最终达到了目的。在刚一见面时,触龙倚老卖老,跟赵太后拉起了家常;紧接着借为自己小儿子走后门的事情,提起了父母对子女的疼爱;最后终于用赵太后对长安君的疼爱说服了赵太后。试想,如果触龙也想其他大臣一样单刀直入,不但说服不了倔强的太后,恐怕自己也要被"赏赐"一脸口水了。

所以,很多时候我们所说的话之所以会被拒绝,并不是因为我们要求的事情本身出了问题,而是因为我们的语言没有打动别人的内心。想让别人接受我们的请求也很容易,只要我们能够了解对方的心意,把话说进别人心里,那么,很多事情都可以水到渠成,信手拈来了。

12.　怎样对待昔日的敌人

1944 年的一个冬天，饱受战争创伤的莫斯科异常寒冷。有一天，两万德国战俘排成纵队，从莫斯科大街上穿过。尽管天空中还飘着大团的雪花，但所有的马路两边都已经挤满了围观的人群。大批的苏军士兵和治安警察，在战俘和围观者之间，划出了一道警戒线，以防止德军战俘遭到围观群众愤怒的袭击。

这些老少不同的围观者，大部分都是来自莫斯科及其周围乡村的妇女。她们中几乎每一个人都和德国人有着一笔血债，或是父亲，或是丈夫，或是兄弟，或是儿子，在德国所发动的侵略战争中丧生了。所以，当他们看到大批俘虏出现时，怀着满腔的怒火，都把手攥成了拳头。要不是大批苏军士兵和治安警察在前面阻拦，她们一定会不顾一切冲上前，把这些德国战俘撕成碎片。

俘虏们一个个都低垂着头，胆战心惊地从围观群众的面前缓缓走过。这时，最令人想不到的事情发生了：一位上了年纪、穿着破旧的妇女走出了人群，并请求警察允许她走进警戒线看看这些俘虏。警察看她满面慈祥，便答应了她的请求。于是，妇女很快走到俘虏身边，然后颤巍巍地从怀里掏出一个用印花布方巾包裹的东西，打开一看，里面是一块黑面包。她不好意思地将它塞到一个战俘的衣兜里。

接着，这位妇女又转过身对那些充满仇恨的同胞们说："当这些人手持武器出现在战场上时，我们就是敌人。可是，当他们卸了武装走在大街上时，他们是跟所有别的人，跟'我们'和'自己'一样的人。"

年轻俘虏们听完这位妇女的一番话，都怔怔地看着她，刹那间泪流满面。于是，那位疲惫不堪、挂着双拐都难以挪动的年轻俘虏扔掉了双拐，"扑通"一声跪倒在地上，给面前这位善良的妇女重重地磕了几个响头。他的这一举动，让其他战俘也受到感染，也接二连三地跪下来 ……
于是整条街道的气氛都变了，人们都被眼前这一幕所感动了。也开始从
八面四方涌向俘虏，把手中的面包、香烟等各种东西塞给这些疲惫的、
甚至身负重伤的俘虏们。

【人生感悟】

古人有言："宽和能克制暴躁，友爱能克制孤僻。温暖的手能用头发牵着
大象走。你得用仁爱去面对仇敌，因为破坏和平是有罪的。"生活中也一样，
如果有一个人无意间伤害了你，你就为此耿耿于怀，记恨于心，然后想方设
法去报复别人，那么那个人肯定也会慢慢对你产生芥蒂，并且开始时刻提防
你的突然"袭击"。这样一来，你们之间的"恨"就会不断加深，这就叫做以
恨换恨恨无涯。

特赖也曾经说过："爱是生命对生命的呼唤，而恨是死亡对死亡的牵绊，
恨能把世界变成悲惨的世界，爱则能让它变成美丽的天堂。"我们知道，每个
人心中都或多或少地埋有仇恨的火种，而消除仇恨的最好方法就是：用人性
最美好的甘泉去浇灭那些忽闪忽隐的火星。当一个人时常抱怨并且内心充满
仇恨时，就会陷入无休止的烦恼之中，就会因此错过人生中许多美丽的风
景，也就会失去一个人真正的快乐。因此，当我们受到伤害时，尽量不要记
恨于心，要学会宽恕，学会与人为善。只有这样才可以感动别人，才会换来
别人的友善。

13. 友谊，快乐和死亡

有三位年轻人在一个小镇上看到一支送葬的队伍。他们打听到死者
原来是他们的两位朋友：一位叫"友谊"，一位叫"快乐"，他俩被一个
外号叫"死亡"的人谋杀了。三位中一位年龄最小的人对他的两个朋友
说："这个外号叫'死亡'的家伙到底是谁？咱们一起去找他，为咱们的

朋友报仇！"

半路上，他们遇上了几位神色慌张的人，其中一位老太太告诉他们，"死亡"正在追赶他们，必须赶快逃走，否则便会被杀害，并劝其他人也一起逃走，如果遇上"死亡"便没命了。他们告诉老太太，他们就是来杀"死亡"的。在他们的再三要求下，老太太告诉他们，"死亡"就在小村子后面那座山的山顶上的一棵老橡树下。

他们三人兴奋地向山顶走去，并拿出随身携带的尖刀，随时准备捕杀"死亡"。但出乎意料的是，当他们高度戒备地来到那棵老橡树下时，没有看到想象中的面目狰狞的"死亡"，却发现一箱子金光闪闪的金币。他们马上丢下尖刀，欣喜若狂地数起金币来，把寻找"死亡"的事忘得一干二净。那个领头的年轻人说："我们必须守住这些金币，否则会被认为是偷来的而被投进监狱。这样吧，我们来抽签，谁的签最短，谁就去镇上买吃的，另外两人就留下来守住这金币，明天我们就把金币分了各奔东西。"最年轻的小伙子抽到了那支最短的签，他拿着几块金币到小镇上买吃的去了。

两个守金币的人各怀鬼胎，最后他俩想出一个共同的计划：等他们的朋友带着吃的回来时，把他杀掉，然后吃掉食物，再把本该分成三份的金币分成两份。那个买吃的年轻人走进小镇时则想：如果在这些吃的食物里放进毒药，那么，那些金币就可以归我一人所有。于是，他先吃饱了，然后在食物和饮料里放进一种无色无味的烈性毒药，并于当晚回到朋友身边。不料他刚回来，便被两个朋友杀害了。那两个人得意地吃着同伴买回的食物和饮料，几分钟后，他俩也中毒身亡。

他们怎么也没想到，他们也会像他们的朋友"友谊""快乐"那样被"死亡"杀害。更想不到的是：杀害他们的"死亡"，其实是蕴藏在金币后面的贪婪。因为贪婪，无论是友谊、快乐，还是生命，都会走向死亡。

人生也好，生活也罢，严格说没有一个准确而标准的模式，我们也无须过多的依葫芦画瓢似的白描，更无须照本宣科似的呆板。生活与人生无论是谁，其定义原本就是精彩与美丽。而这精彩与美丽，不是从一个起点到达一个什么样的终点，而是从起点到达终点过程之中，你是否选择了一种方式适合自己。

【人生感悟】

生活是座奇特的熔炉，一边在造就成材的钢，一边在淘汰无用的渣。生活的风雨也是一把无形的刀，时时在雕刻这每个人的社会形象。经得住考验……

生活的弱者能使幸福的生活结出苦果，生活的强者能够使艰难的生活酿出蜜液，生活只给勇敢者准备庆功的筵席。

很多时候，我们都是这么做的：欲望蒙蔽了我们的双眼，欺骗了我们的智慧。于是，我们可笑地醉心于自己手中的涂鸦之作，却无视身外绝妙的山水。在我们最初站着的地方，遗落的是我们亲手丢弃的颗颗宝石。

14. 相忘于江湖

二战期间，两个国家发生了一场激烈的战争。一支部队在森林里与敌人相遇，经过一场激战后，这支部队仅仅只有两名战士幸存了，更残酷的是，他们和大部队也失去了联系。于是，这两名战士在偌大的森林中艰难跋涉，为了能够生存下去，他们互相鼓励、互相安慰，一直在等待大部队的救援。可是，十多天过去了，他们还没有与大部队取得联系。

这一天，他们在森林中行走，一名战士幸运地捉到了一只小鹿，于是，他们靠着这点鹿肉，又艰难地撑了几天。也许是因为战争的缘故，许多动物都已经四散奔逃了，这以后他们再也没有捉到过任何动物。眼看着他们身上的鹿肉不多了，谁也舍不得吃。这仅剩的一点儿鹿肉就背在另一名年轻战士身上。这一天，他们在森林中艰难跋涉，再一次与敌人相遇。经过一次的激战，他们再一次巧妙地避开了敌人。就在他们自以为已经很安全时，只听一声枪响，走在前面的年轻战士肩膀上中了一枪，跟在后面的战士惊慌失措地跑了过来，抱着这名战友的身体泪流不止，并赶快扯下自己的衬衣，小心翼翼地为战友包扎伤口。

当天晚上，这名没有受伤的战士一直念叨着母亲的名字，他们都以为熬不过这一关了，尽管饥饿难忍，可谁也没有去动身边的鹿肉。谁也不知道那一夜他们是怎么熬过来的。第二天，部队发现了他们，他们终于获救了。

这件事虽然过去三十多年了，当人们问起那名曾经受伤的战士当时是如何受伤时，他说："其实我早就知道是谁开的那一枪，他就是我的战友。因为他听到枪声后，跑过来抱住我的时候，我碰到了他发热的枪管。当时，我也想不明白，他为什么要对我开枪？后来我知道了，他是想独吞我身上的鹿肉，想为了他的母亲而活下来。此后30年，我一直假装不知道此事，也从未跟人提及。残酷的战争，终究没能让这位战友见他母亲最后一面，那天我和他一起祭奠了他的父母。之后，他就跪下来，请求我原谅他。我宽容了他，还和他成为了好朋友。"

▶【人生感悟】

庄子说："相濡以沫，不如相忘于江湖。"对于人与人之间的感情或许也是如此吧。"相濡以沫"有时是为了生存的必要或是无奈；而"相忘于江湖"则是一种境界，或许更需要坦荡、淡泊的心境。就好像故事中，正是"忘记"挽救了这两名战士的友谊。

人生在世，总会经历各种各样的事情，也总会认识各种各样的人。而我们的心灵就像一个筛子，在世事颠沛流离中，总会对一些不开心的事念念不忘。对于一个智者来说，他们忘记的是追求浮世的"功名利禄"之心，忘记的是他人的过失。培根也曾说过："一个念念不忘旧仇的人，他的伤口将永远难以愈合。"所以，我们也要学会忘记。在生活中，只有做一个豁达的人，才能够安享心灵的平静与幸福，才会发现幸福其实那么简单。"相濡以沫"，或许非常令人感动，但"相忘于江湖"又何尝不是一种幸福呢！

15. 两位宰相的故事

宋代著名宰相寇准与王旦同年考取进士，寇准因为自己的才干和胆略名垂青史，而王旦最为人称道的则是他的胸襟度量。

王旦的父亲是宋太祖、太宗两朝的名臣，他本人学识渊博，道德高尚，曾经解救过因冤案入狱的百姓达到近千人之多。王旦出生在道德高尚的仕宦之家，从小受到良好的教育，勤奋好学、胸襟博大、器宇非凡，父亲非常器重王旦，曾经评价他说："此儿定当位至公相。"

由于努力与机遇，至宋真宗时，王旦果然出任宰相。一人之下，万人之上的王旦朝惕夕励，尽职尽忠，深为真宗信任，几乎总揽了一切朝中重要的大小事情。

而朝廷中的另一位大臣寇准，忠正刚直，也是真宗信任的一位重臣。但寇准因王旦位居自己之上，颇感屈才，心中不服。有一次，王旦的一本公文送到寇准那边，寇准发现体例不合，马上呈报真宗，王旦和手下人都被批评了一顿。没过多久，寇准那边送来的公文也出了问题，王旦手下的人兴冲冲地把公文拿给王旦看，要报往日之仇。不料王旦却派人把公文送到了寇准那里，请他改正后再呈送。

还有一次，由于寇准在真宗面前公开指责王旦的缺点，而王旦却对这些意见全部虚心接受，而且经常在真宗面前说寇准的好话，认为寇准是众人学习的榜样。最后，连真宗都开始替王旦打抱不平起来，他私下问王旦："你经常称美寇准，寇准他却数次说你的短处，你为什么能这样做呢？"王旦微笑着回答："我身居相位久了，缺失不少。因为职位高，一般大臣都不敢指出我的缺点，而寇准能够直陈我的不足，足见他直率坦诚。这也是臣下看重他的原因。"真宗听后，不禁开怀大笑，说道："人们都说宰相肚里可撑船，我看你就是这样的宰相呵！"

由于王旦位高权重，所以许多人都来求王旦举荐。可是王旦从来不收礼品，对要求举荐的人总是认真考察。有一天，寇准也私下来找王旦，希望他向皇上推荐自己任节度使。王旦十分震惊，义正辞严地说："这样的职位，怎么可以通过这样的方式来求得？"寇准听后非常惭愧，遗憾地告退了。后来寇准还是当上了武胜军节度使，在入朝拜谢皇恩时，寇准眼含泪水说："如果不是陛下了解微臣，怎会有臣下的今天？"真宗却告诉寇准说："你能当上节度使，都是因为王旦向我推荐了你。"寇准这才猛然惊醒，一面感慨万千，一面深感愧对王旦，于是决心好好学习王旦宽厚正直、无私助人的高贵品质。后来，王旦又在自己临死之前推荐了寇准做当朝的宰相。

除了寇准之外，王旦还常常在发现贤人之后，无私地向皇上推荐，他自己只是默默地做事，施恩从不求回报。后人修史时发现朝廷许多栋梁之材全都是王旦推荐的。

▶【人生感悟】

王旦舍己从人，宽容对待同僚间的摩擦。不仅消除了彼此的隔阂，确保了政坛的稳定，而且甘心做别人的梯子，亲自推荐了很多人才。有些人也许不理解为什么王旦要去推荐一个诋毁自己的人，为什么欧阳修要去提拔一个可能超过自己的人，难道他们不怕自己被人踩在脚下吗？其实，所谓"心宽道路宽，量大福气大"说的就是这个道理。